多年生牧草地下滴灌关键技术研究与应用

郑和祥　曹雪松　李和平　邬佳宾　王军　等　著

中国水利水电出版社

www.waterpub.com.cn

·北京·

内 容 提 要

本书主要针对我国牧区多年生牧草地下滴灌中存在的关键技术问题开展研究，采用多年生牧草地下滴灌田间观测试验、室内化验分析、模型模拟和技术集成相结合的技术手段，重点解决了多年生牧草地下滴灌条件下的高效节水灌溉技术、水肥药一体化技术、微纳米气泡水地下滴灌技术等关键技术问题，提出了多年生牧草地下滴灌控水、控肥、控药三控一体化技术模式，优化灌溉决策模式以及多年生牧草微纳米气泡水地下滴灌关键技术参数，为牧区灌溉人工草地生态环境和经济社会的可持续发展提供技术支撑。

本书可供从事农田水利、农业与农机管理、灌溉人工草地规划和节水灌溉工程设计与灌溉管理等方面的技术人员参考。

图书在版编目（CIP）数据

多年生牧草地下滴灌关键技术研究与应用 / 郑和祥
等著. -- 北京 ： 中国水利水电出版社，2021.8
ISBN 978-7-5170-9878-2

Ⅰ．①多… Ⅱ．①郑… Ⅲ．①牧草－地下滴灌－研究
Ⅳ．①S54

中国版本图书馆CIP数据核字(2021)第173308号

书　　　名	**多年生牧草地下滴灌关键技术研究与应用** DUONIANSHENG MUCAO DIXIA DIGUAN GUANJIAN JISHU YANJIU YU YINGYONG	
作　　　者	郑和祥　曹雪松　李和平　邬佳宾　王军　等　著	
出 版 发 行	中国水利水电出版社 （北京市海淀区玉渊潭南路 1 号 D 座　100038） 网址：www. waterpub. com. cn E - mail：sales@ waterpub. com. cn 电话：（010）68367658（营销中心）	
经　　　售	北京科水图书销售中心（零售） 电话：（010）88383994、63202643、68545874 全国各地新华书店和相关出版物销售网点	
排　　　版	中国水利水电出版社微机排版中心	
印　　　刷	清淞永业（天津）印刷有限公司	
规　　　格	170mm×240mm　16 开本　12.75 印张　250 千字	
版　　　次	2021 年 8 月第 1 版　2021 年 8 月第 1 次印刷	
定　　　价	**65.00 元**	

凡购买我社图书，如有缺页、倒页、脱页的，本社营销中心负责调换

前　　言

近年来，滴灌技术一直是节水领域的研究热点，现代化精准农业中精量播种、精量施肥和精量灌溉，有两"精"可以通过滴灌来实施。滴灌技术的特点是小流量、局部湿润、频繁灌溉，与地面灌溉相比，其突出的优点是节水、节肥、对地形适应性强、灌水均匀性高以及便于技术集成等，在西北干旱、半干旱农牧区深受好评。

内蒙古自治区地处干旱、半干旱地区，水资源短缺且时空分布不均，资源性缺水与工程性缺水并存，已成为制约自治区经济社会发展的瓶颈。多年生牧草由于播种一次可以连续收割利用多年，寿命长，大大降低了种植的成本，在人口相对较少的农牧区被广大种植户所接受。多年生牧草品种众多，常见的有巨菌草、紫花苜蓿、阿尔泰、无芒雀麦和沙打旺等。其中紫花苜蓿被誉为牧草之王，具有产草量高、富含蛋白质、适口性好、生物固氮能力强、适应性广等特点，备受广大农牧民青睐。随着我国人民生活水平的提高，膳食结构更追求优质蛋白与营养平衡，因此，进一步加速奶牛等草食家畜饲养业的发展，生产优质畜产品已成为客观需求，而生产草食家畜等动物产品，牧草有着不可替代的作用。同时，大力发展种草产业也是改善生态环境的重要举措。

多年生牧草地下滴灌因其时间（多年）和空间（地上地下）的双重制约，以及多年生牧草根系发育的阶段性、动态性与地下滴灌带性能参数的多样性、复杂性，一直是我国牧区节水领域的难题。2014 年以来，在水利部科技推广计划项目"西北牧区水草畜平衡管理和饲草地节水增效技术示范与推广"（TG1401）、中国水利水电科学研究院科研基本业务费项目"紫花苜蓿地下滴灌水肥药一体化技术及优化灌溉决策研究"（MK2016J18）、"基于生命需水信息的冬灌苜蓿抗寒机制研究"（MK2016J20）和"微纳米气泡加气地下滴灌紫花苜蓿关键参数研究"（MK2018J05）等项目的支持下，历经 7 年

（2014—2020 年）对多年生牧草地下滴灌关键技术开展了大量的指标参数监测、技术攻关和示范应用，提出了"多年生牧草地下滴灌关键技术研究与应用"科研成果，系统全面地阐述了地下滴灌对多年生牧草根区土壤微环境以及牧草生理生化、生物量等指标的影响。研究成果可在发展高效节水灌溉人工饲草料地的同时，最大限度地实现牧草提质增效，为西北干旱、半干旱地区优质饲草料地灌溉基础理论及其高质量发展提供科技支撑，具有重要的现实意义。

　　本书共 9 章，第 1 章综述了多年生牧草地下滴灌研究背景意义、研究现状及发展趋势；第 2 章介绍了多年生牧草地下滴灌研究区概况、试验设计及研究内容；第 3 章研究了地下滴灌土壤水分入渗规律；第 4 章研究了多年生牧草地下滴灌技术参数；第 5 章研究了冬灌多年生牧草水分摄取策略；第 6 章研究了多年生牧草地下滴灌水肥药一体化技术集成模式；第 7 章研究了多年生牧草微纳米气泡水地下滴灌关键技术参数；第 8 章研究了多年生牧草地下滴灌优化灌溉决策；第 9 章对全书进行总结并对未来研究趋势进行展望。

　　本书由项目科研团队按照所承担的研究内容与章节分工撰写，由郑和祥、曹雪松完成全书的内容编排与统稿工作。第 1 章由郑和祥、曹雪松、李和平、王军、牛海撰写；第 2 章由曹雪松、王军、佟长福、张增宝撰写；第 3 章由郑和祥、曹雪松、张松撰写；第 4 章由郑和祥、曹雪松、鹿海员、刘利利撰写；第 5 章由邬佳宾、郑和祥撰写；第 6 章由郑和祥、曹雪松、畅利毛撰写；第 7 章由曹雪松、李和平、冯亚阳撰写；第 8 章由郑和祥、曹雪松、邬佳宾、付华撰写；第 9 章由曹雪松、鹿海员、白巴特尔撰写。本书在撰写过程中，得到了水利部牧区水利科学研究所的领导和科研工作者的大力支持，在此表示衷心的感谢！

　　由于水平有限，书中难免存在疏漏和不当之处，敬请有关专家和读者批评指正！

作者

2021 年 4 月于呼和浩特市

目　　录

第1章 绪 论

1.1 项目研究背景和意义

草原是我国最大的陆地生态系统，在防风固沙、涵养水源、保持水土、净化空气、维护生物多样性等方面发挥着十分重要的作用，是我国重要的绿色生态屏障。我国牧区占国土面积的 45.1%，牧区草原面积占全国草原面积的 64.9%，是我国主要江河的发源地，是水源涵养区及主要生态功能区的主体，在国土空间开发中具有重要战略地位。目前，我国草原超载过牧严重，草原畜牧业的掠夺式经营导致草原退化加剧、沙化严重、生态失衡，加之牧区灾害频繁，防灾抗灾能力薄弱，致使我国草原畜牧业生产始终处于脆弱的草原生态环境之中。加强草原生态保护与建设是党中央和国务院为实现我国社会、经济可持续发展做出的重大战略决策，是国家生态建设与保护的重要内容，也是西部大开发战略的重要组成部分。牧区灌溉饲草料地建设是集中解决牲畜的补舍饲问题，使天然草原得以休牧和禁牧，改善目前草原生态恶化状况最有效的水利措施之一。

牧区气候干旱、水资源匮乏、生态环境脆弱，水资源是牧区经济社会发展和生态环境保护的最大制约因素。过去，人们往往注重水的社会服务功能，忽视水的生态和环境服务功能，造成了一系列的生态、环境问题。水资源的变化直接导致生态环境的变迁，而且牧区矿产资源富集，资源型经济的发展加剧了水资源短缺，水资源供需矛盾更加突出。牧区水利发展滞后是草原生态恶化的重要因素，一方面，牧区水利工程等基础设施建设状况远不适应牧区草原生态保护工作的需要，不能彻底扭转牲畜超载带来的草原生态恶化趋势；另一方面，牧区水利防灾抗灾能力薄弱，特别是遭遇重大旱灾和雪灾，牧民损失严重，区域经济发展受到制约。生产实践证明：发展牧区水利是保护草原生态的重要举措，通过在有水资源条件的地区建设适宜规模的灌溉饲草料地，集中解决牲畜的补（舍）饲问题，使大面积的天然草原得以休牧和禁牧，充分发挥大自然的自我修复能力，是改善目前草原生态恶化状况最有效的水利措施之一。国内外草原畜牧业发展与草原生态保护的实践充分表明，发展牧区水利，建设灌溉饲草料地，构建种植、放牧、饲养相结合的集约化、规模化、社会化和专业化现代草原生态畜牧业发展模式，是保护我国草原生态、促进牧区经济社会科学发展的必然选择。

植物的正常生长发育离不开氧气，有了氧气植物的根系才能维持正常的呼吸作用，发挥其吸收营养物质和水分的功能。作物根系的呼吸作用不但为植物生命活动供给能源，而且呼吸作用的中间代谢产物还为植物的物质合成提供了必需的原料[1]。然而，洪涝灾害、一次性灌水过多、土壤板结以及无土栽培等都极易使植物根系供氧不足，导致作物出现低氧胁迫。低氧胁迫是由于土壤紧实或者地下水位较高或者不合理灌溉导致的土壤或营养液通气性不畅，作物根系及微生物呼吸作用减弱，使作物呼吸作用和生长发育表现异常的现象[2]。低氧胁迫已经成为影响植物正常生长发育的重要逆境因子之一，而由于水分过多引起的水涝型低氧胁迫表现得尤为突出，同时土壤中水分过多还会破坏土壤团粒结构，造成土壤板结、土地盐碱化等土壤退化现象[3]。低氧胁迫对植物的危害很大，主要有：①可以改变植物的呼吸代谢途径（有氧呼吸受到抑制，植物需要通过无氧呼吸产生的部分能量来维持生命活动）；②可以增加土壤中的还原性毒害物质（H_2S 以及铁、锌、铜、钙形成的不溶性亚硫酸化合物等）；③可以使植物对水分的吸收减少，对矿物质元素的吸收失衡；④可以使植物体内的激素代谢紊乱。加气灌溉能改善土体中固（土壤颗粒）、液（土壤水）、气（土壤气体）三相比例和土壤湿润体的通透性，可有效调节土壤微生物活性、土壤酶活性、土壤养分的有效性、土壤酸碱性及土壤的氧化还原反应等土壤微环境，进而改善土壤性状，提高土壤生产力，从而提高作物根系对土壤养分、水分的吸收能力，促进作物自身的新陈代谢及整个植株的生长发育[4-5]。

紫花苜蓿作为一种优质的多年生豆科牧草，具有适口性好、抗逆性强、产量高、营养丰富等特点，享有"牧草之王"的美誉，是牧区主要种植的优质牧草之一，在农牧业生产中占有非常重要的地位。近年来随着节水灌溉新技术的发展，更具节水潜力的多年生人工牧草地下滴灌灌水技术成为干旱半干旱牧区发展的重要方向。地下滴灌技术能更好地提高灌溉水分利用效率，且能减小对环境的不利影响，使表层土壤的蒸发减小，水分流失因此可忽略，而且滴头附近的根部优先生长，提高了作物的水分可利用性。但是，长时间地进行地下滴灌会影响滴头附近的土壤结构和水力学特性，限制作物根区氧气扩散，而扩散是土壤和大气以及土壤和作物根系气体交换的主要体制[6]，进而影响根系的呼吸作用。随着紫花苜蓿地下滴灌系统使用年限的增加，紫花苜蓿根区土壤多年缺少翻耕以及每茬紫花苜蓿在刈割、打捆与运输过程中作业车辆的碾压，土壤会出现不同程度的板结现象，土壤结构和水力学特性会受到影响，进而影响土壤水分的分配，限制土壤氧气的有效扩散，土壤中有机质分解缓慢，紫花苜蓿也会出现不同程度的黑根现象[4]，从而影响其自身的新陈代谢和整个植株的生长发育。因此，如何提高地下滴灌紫花苜蓿根区氧气含量，改善土体中固、液、气三相比例和土壤湿润体的通透性，精确调控紫花苜蓿根系生长微环境是亟须解决的关键性科技问题。

党的十八大提出：把经济、政治、文化、社会、生态五位一体作为现代化建设的总体布局，强调要把生态文明建设的价值理念方法贯彻到现代化建设的全过程和各个方面，建设美丽中国。在推进牧区节水灌溉饲草地建设过程中，滴灌成为内蒙古、新疆等缺水地区的首选灌水方式，但地面滴灌在多年生牧草种植、刈割、收储和管理方面的适应性较差。地下滴灌成为其发展的重点，推广应用地下滴灌是缓解干旱牧区水资源供需矛盾的有效途径，也是节水灌溉发展的重要方向之一。因此，研究多年生牧草地下滴灌技术，在高效发展人工灌溉饲草料地的同时最大限度地实现节约水资源的目的，研究成果可在发展高效节水灌溉人工饲草料地的同时，最大限度地实现牧草提质增效，为牧区草地生态环境和经济社会的可持续发展提供技术支撑，具有重要的现实意义。

1.2 国内外研究进展

1.2.1 饲草料地灌溉及水肥药一体化研究进展

国内外学者从不同角度对饲草料地灌溉进行了研究。1912 年，Briggs 和 Shantz 等[7]针对牧草建立了全生育期的水分生产率模型，研究紫花苜蓿的耗水规律等。我国灌溉饲草料地的发展始于 20 世纪 60 年代，目前已成为牧区水利发展与生态保护建设的重要组成部分。科研工作者针对饲草料地灌溉方面的关键技术问题，先后开展了需水规律、需水量和灌溉制度的研究，特别是通过开展牧草节水灌溉理论与技术等方面的研究，从牧草水分生理生态的角度确定了人工牧草耗水量，为灌溉饲草料地的发展奠定了基础。

近年来，随着草地灌溉研究的不断深入，刘国利等[8]开展了紫花苜蓿水分利用效率对水分胁迫的响应及其机理研究，结果表明，水分胁迫可提高紫花苜蓿水分利用效率，但品种间有差异，气孔因素和叶片羧化效率共同影响紫花苜蓿的水分利用。佟长福等[9]对毛乌素沙地饲草料作物在节水灌溉条件下生理生态指标和作物水分响应模型进行了研究，建立了紫花苜蓿水分响应的 BP 神经网络模型。郭克贞等[10]在研究牧草适旱机理和不同耗水阈值的基础上，确定了紫花苜蓿及冰草群落的水分敏感指数。李文娆等[11]研究了水分亏缺下紫花苜蓿和高粱根系水力学导度与水分利用效率的关系。郑和祥等[12]将基于实数编码的加速遗传算法与多维动态规划法相结合，建立了遗传动态规划模型，对锡林郭勒典型草原区灌溉饲草料地非充分灌溉条件下青贮玉米、披碱草和苜蓿进行了灌溉制度优化。魏荔等[13]开展了不同施肥处理对青贮玉米产量和品质的影响研究。曹雪松等[14]研究了地下滴灌条件下不同水肥组合对紫花苜蓿耗水量和产量的影响，结果表明，地下滴灌是一种很有前途的灌溉方法，在适量的水和氮肥条件下，地下滴灌可以提高苜蓿的水分利用效率和干草产量，而过低或过高的水和氮肥都会对紫花苜蓿的水分生产率和干草产量产生不利影响。经过多年的发展，饲草料地灌溉研究已从单纯的作物需水规律、灌溉制度研究阶段逐渐转变为基础理论不断完善、综合性应用技术持续发展的阶段。但随着社会经济的快速发展，牧区灌溉饲草料地建设快速推进，目前在灌溉饲草料地运行管理和对生态环境的影响以及饲草料地灌溉决策等方面研究的深度和广度还不够，尚需结合具体的工程开展深入研究。

1.2.2　地下滴灌技术研究进展

1.2.2.1　地下滴灌灌溉技术方面

近十年尤其是近两年来滴灌技术发展迅猛，因为在现代化精准农业中，精量播种、精量施肥和精量灌溉，有两"精"是通过滴灌实施的，而滴灌的技术特点是小流量、局部湿润、频繁灌溉，与地面灌溉相比，其突出的优点是节水、节肥、对地形适应性强、灌水均匀以及便于技术集成等[15]。Godoy-Avila等[16]对地下滴灌紫花苜蓿的节水和增产效果进行了研究，研究结果表明，较普通大田漫灌，地下滴灌能够在节水32%～51%的情况下增产16%～23%。Payero等[17]研究了内布拉斯加州中西部半干旱地区地下滴灌对玉米蒸散发、产量、水分利用效率和干物质生产的影响，研究表明，地下埋滴灌玉米的需水量为466～663mm。Kandelous等[18]利用HYDRUS-2D模型模拟了紫花苜蓿土壤水分的空间和时间分布，探索水的应用以在灌溉系统参数和作物蒸腾之间进行权衡，为不同的根系分布和土壤质地优化设计和管理实践提供了框架。黄兴法等[19]对地下滴灌的发展历史、对作物产量的影响、系统设计和管理、灌溉制度的拟定、环境及经济分析以及系统的优缺点进行了综述性研究。许迪等[20]利用建立的地埋点源土壤水运动和溶质运移数学模型描述地下滴灌条件下土壤水肥运动的分布规律，将土壤质地结构、滴头出流量、滴头埋深和单次灌水历时等因素对土壤水分布的影响进行模拟分析，结果表明，在确定的土壤质地条件下，滴头出流量和埋深是影响地下滴灌系统性能的两个最重要的灌水设计参数，应尽量采用增加滴头数量而不是选用大流量滴头的方法来满足作物的需水要求。仵峰等[21-22]对地下滴灌灌水器的水力性能和堵塞情况进行了研究，指出灌水器埋入土壤后，流量是其自由出流时流量的1/2～1/4且迷宫式、微管式和孔口式 3 类型的灌水器均有不同程度的堵塞，堵塞率分别达到 16.67%、25% 和 63.89%，提出了加强过滤、定时冲洗和改变滴头流道设计等解决地下滴灌堵塞的建议。为了定量评价灌水器堵塞程度对灌水均匀性的影响，李久生等[23-24]建立了灌水器流量变差系数与流量降低百分数之间的回归关系，并且指出灌水器流量均匀系数随堵塞引起的流量降低百分数的增大而线性增大，滴灌带埋深与施肥装置类型对滴头流量和灌水量均匀性的影响均未达到显著性水平，而施肥装置类型对施肥量均匀性的影响达到极显著水平。宰松梅等[25]认为，地下滴灌条件下滴灌带附近的土层土壤含水率变幅最大，灌水前滴灌带附近 20～40cm 处的土壤水分均匀度较其他土层偏低，灌水后均匀度大幅提高。曹雪松等[26]指出干旱半干旱区地下滴灌紫花苜蓿的灌水定额应控制在 22.5mm 左右，灌水周期为 4～5d，整个生育期的需水量为 460mm 左右。莫彦等[27]考虑滴灌带埋设深度和土壤水深层渗漏以及土壤初始含水率，认为玉米适宜的滴灌带埋深为 30～35cm，开沟深度为 10～15cm，出苗水灌水量为 25～67mm。郑文生等[28]的研究表明，地下滴灌条件下分次施氮可促进玉米对氮素的吸收，有利于氮素储存在玉米根系层内，建议追施氮素采用 3 次施用，施氮量为 120kg/hm^2。王荣莲等[29]研究认为，玉米地下滴灌适宜的毛管埋深为 25～35cm，宜采用少量多次的灌溉方式，黏壤土和壤土适宜的灌水定额约为 22.5mm，毛管铺设间距黏壤土为 90～100cm、壤土为 90～110cm，砂壤土适宜的灌水定额为 15.0～22.5mm，毛管铺设间距约 90cm。孙章浩等[30]综合考虑作物生长、产量和水分利用效率，认为地下滴灌条件下冬小麦最优灌溉制度为灌水下限为 80% 的田间持水量，灌水器流量为 0.9L/h。杜建民等[31]针对紫花苜蓿地下滴灌适宜的冬灌量进行了研究，结果表明，紫花苜蓿的最优冬灌量为 900m^3/hm^2。雷宏军等[32]研究表明，地下滴灌条件下水、肥、气耦合滴灌可有效改善土壤通气性，提高水氮利用效率，促进番茄生长，实现作物增产。曹雪松等[4]研究表明，微纳米气泡水地下滴灌能改善作物土壤酶活性与养分状况，提高作物根区土壤肥力质量，从而提高作物产量。

1.2.2.2 地下滴灌水分运移方面

研究地下滴灌，首先需要明确地下滴灌条件下的水分运移规律。由于土壤质地的不同，水分运动规律也会有所差别，目前对于水分运动规律已有一些研究。胡笑涛等[33]研究得出，地下滴灌中湿润锋运移速率随着土柱初始含水率的增加而提高，随着供水压力的增加湿润锋的运移速率也在增加，随着土壤容重的减少湿润锋的运移速率在增加。地下滴灌滴头流量比较小时，滴灌带埋深应设置得较浅，同一根滴灌带上滴头间距离应该近似于毛管间距；滴头流量大时，当滴灌带埋深较大时，滴头间距大于毛管间距，土壤水分分布仍然较均匀。范永申等[34]通过研究得出，地下滴灌对土壤 20～60cm 深度处的水分变化影响明显，棉花的主要根系分布在 15～50cm 处，对棉花地下滴灌、地面沟灌和膜下滴灌的土壤水分变化和相应作物产量进行了试验研究，分析发现地下滴灌有助于棉花的增产。李红等[35]研究得出，土壤质地结构对地下滴灌的土壤水分分布影响很大。当土壤质地较重时，该土壤的水分传导能力较弱，土壤中各个方向的水分扩散较均匀，此时滴灌带滴头的埋深可以加大，保证减少土壤蒸发损失，同时为了保证根系能充分利用土壤水分，根据作物的根系分布将滴灌带埋设在作物的主要根系区。任杰等[36]的研究表明，当地下滴灌的滴头流量和灌溉定额相同时，土壤水平和垂直方向的湿润锋运移的速率随着滴灌带埋深增加而减慢，并且在水平和垂直方向上湿润锋运移距离随着滴灌带埋深的增加而减少；当滴灌带埋深相同时，滴头两侧的含水率分布均匀；当滴灌带埋深不同时，滴灌带埋深越深，在离滴头一定的距离内，含水率越高，当滴灌带埋深增加时，湿润体的饱和范围也在不断扩大，尤其是垂直方向上的湿润体饱和区。仵峰[37]研究表明，地下滴灌湿润锋随时间变化的过程可概化为两个相对独立的线性过程。在灌水过程中，在滴头附近形成水分过饱和区，湿润锋的运移速度向下最大，水平次之，向上最小；在土壤水再分布过程中，湿润锋的水平和向下运移速度趋于相同。不同方向上湿润锋运移距离存在一定的比例关系，该比例与土壤质地和灌水器流量有关。

1.2.2.3　地下滴灌滴灌带埋深方面

滴灌带埋深是地下滴灌的重要参数之一，确定滴灌带的适宜埋深也是本书的重要内容之一。目前在国内外对于滴灌带埋深已有一些研究。李蓓等[38]研究得出，砂壤土中玉米成熟期地下滴灌条件下干物质积累量比地表滴灌低，滴灌带埋深 30cm 与 15cm 处理之间没有显著差异；玉米处于成熟期时，滴灌带埋深 30cm 和 15cm 处理的子粒产量极显著高于 0cm 的地表滴灌处理，滴灌带埋深 30cm 与 15cm 处理之间没有显著差异。庄千燕[39]研究得出，在滴灌带灌水器流量和灌水时间一样的情况下，水平方向的湿润锋运动距离随着滴灌带的埋深增加而减少，而在垂直方向上则相反；当埋设深度相同时，滴头两侧的土壤含水率均匀分布。当高羊茅处于生长旺盛期时，滴灌带埋深对其地上部分影响明显，滴灌带埋深 20cm 明显比其他处理高；埋深不同的处理，作物密度差别不明显，不同埋深对高羊茅根系分布有一定的影响，在每个滴头附近的根系更加发育。刘晓菲等[40]研究得出，马铃薯在出苗期埋深 30cm 比埋深 10cm 和 20cm 的滞后 4 天左右，对出苗率没有影响；马铃薯的产量在埋深为 20～30cm 的处理高于其他处理；当滴灌带埋深为 20cm 时灌水利用效率最高，因此地下滴灌条件下马铃薯种植中滴灌带适宜埋深为 20cm。夏玉慧等[41]研究得出，在紫花苜蓿的分枝期，埋深 10cm 的株高和茎粗明显高于其他埋深处理，随着紫花苜蓿的生长，到了开花期后，埋深 30cm 的处理其株高和茎粗高于其他处理；紫花苜蓿的分枝数受滴灌带埋深影响不大；滴灌带埋深 10cm 的处理在分枝期产量最高，埋深 20cm 和 30cm 的处理其产量在紫花苜蓿开花期超过埋深为 10cm 处理的产量；不同埋深对紫花苜蓿的主根生长影响不大，但是对侧根的生长有一定影响。

1.2.2.4 地下滴灌滴灌带堵塞率方面

滴灌带的堵塞情况关系到地下滴灌能否得到广泛应用，因为滴灌带的堵塞情况直接影响土壤水分的分布，从而影响作物的产量，关系到农牧民的增产增收，因此研究滴灌带的堵塞情况很有必要。刘燕芳等[42]通过研究滴灌条件下水的硬度对滴头堵塞情况的影响发现，硬水滴灌会导致滴灌带滴头堵塞，硬度越大堵塞程度越大。李久生等[24]研究发现，使用两年后的地面和地下滴灌灌水器发生堵塞的程度较轻，发生堵塞的灌水器大部分位于滴灌带的末端。利用滴头流量降低百分数与流量变差系数之间的回归关系定量评价滴头堵塞程度对灌水均匀性的影响，分析发现灌水器流量均匀系数随着滴头堵塞引起的流量降低百分数的增大而线性增大。仵峰等[21]通过对使用 8 年的地下滴灌系统堵塞情况的实地调查发现，迷宫式、微管式和孔口式 3 种类型的灌水器均有不同程度的堵塞，堵塞率分别达到 16.67%、25% 和 63.89%，认为引起地下滴灌堵塞的主要原因是进入系统的细微颗粒在流道壁上的附着和积聚。于颖多[43]研究得出，在滴灌带中使用氟乐灵能对灌水器周围的根系产生控制作用，可以有效地缓解灌水器发生根系入侵的问题。王荣莲等[44]研究了不同灌水器对抗负压堵塞的影响，得出设计流量小的更有利于减轻负压堵塞的情况。

1.2.3 微纳米气泡技术与加气灌溉研究进展

微纳米气泡是指气泡发生时其直径在 $10\mu m$ 左右到数百纳米之间。对微纳米气泡技术的研究起源于 20 世纪 90 年代后期，21 世纪初在日本得到了蓬勃发展，近年来已取得突破性的研究进展。加气灌溉是由澳大利亚昆士兰中心大学 David Midmore 和詹姆士库克大学苏宁虎教授提出的一种极为节水的新技术[45]，以水为载体，通过加气设备向根区通气，解决根区微环境的缺氧问题，满足了根系有氧呼吸和土壤中微生物对氧气的需求。已有的研究表明，加气灌溉能有效解除土壤低氧胁迫，提高土壤导气率，改善土壤氧环境，显著提高作物根区土壤呼吸速率，使根系有氧呼吸顺利进行，促进作物生长，有效提高作物产量和水分利用效率，保障土壤微生物活动、提高土壤酶活性等，显示出其在解决因灌水、土壤紧实等导致的根区缺氧问题方面的潜力[46-51,4]。加气灌溉目前有两种措施，一种是传统加气技术，即通过支管阀门附近的文丘里加气设备向滴灌系统加气，由于所加空气是毫米级，空气容易从水中溢出；另一种是利用微纳米气泡发生装置向滴灌系统首部加气的技术。微纳米气泡由于比表面积大，因自身增压溶解而使直径不断缩小，使得微纳米气泡上浮速度极其缓慢，在水中存在时间长，同时微纳米气泡在缓慢地上升过程中做布朗运动并逐步缩小成纳米级，形成更加细微的气泡，并最终湮灭溶于水中，从而能够大大提高气体在水中的溶解度，并延长了气体溶解度的维持时间，有研究称其在水中可存留数月之久[52]。

Jenkins[53] 和 Greenway[54] 的研究指出，微纳米气泡技术能够提高土壤微生物活性。Abuarab 等[46] 在开罗大学做的玉米试验表明，相较于地下滴灌，加气灌溉下产量分别提升 12.27%（2010 年）和 12.5%（2011 年），水分利用效率和灌溉水分利用效率均最大，且与对照存在显著性差异；加气灌溉下灌溉水利用效率（$IWUE$）分别为 1.096kg/m^3（2010 年）和 1.112kg/m^3（2011 年），而地下滴灌 $IWUE$ 分别为 0.911kg/m^3（2010 年）和 0.922kg/m^3（2011 年）。邱莉萍等[55] 研究表明，根际通气状况对土壤养分的转化有很大影响。李云开等[56] 的研究指出，微纳米气泡爆炸时的能量可以完成污染物的氧化降解和水质净化作用，将微纳米气泡装置安装于滴灌系统末端，不仅可以改善根区的土壤气体含量，防止根区产生低氧胁迫，而且可以净化再生水水质，灭杀再生水中的微生物和灌水器附生生物膜中的微生物，进而降低灌水器堵塞程度。朱练峰[57] 以水稻为研究对象发现，微纳米气泡水加气在生育前期提高了秀水 09、国稻 6 号和两优培九的分蘖成穗率和有效穗数，齐穗期提高了剑叶光合能力、灌浆期延缓了叶片衰老进而提高了水稻产量。温改娟等[58] 的研究表明，加气灌溉的番茄株高较不加气灌溉增加 1.44%、茎粗增加 3.02%、产量增加 19.49%，并且品质明显优于不加气处理。胡德勇[59] 研究了增氧灌溉对秋黄瓜生长及土壤微环境的影响机理，研究结果表明，增氧灌溉有利于增强秋黄瓜根系活力，增加秋黄瓜可溶性蛋白质和可溶性糖含量，提高秋黄瓜叶片叶绿素含量，增强植株清除体内超氧自由基的能力、代谢活力和光合作用，从而改善秋黄瓜品质，并且增氧灌溉对增加秋黄瓜土壤中微生物数量、增强土壤酶活性、有机质的分解及对养分的利用有促进作用。李元等[60] 利用空气压缩机向根系供气，研究了加气灌溉对大棚甜瓜土壤酶活性与微生物数量的影响，研究结果表明，加气灌溉对土壤酶活性、土壤微生物数量均有显著影响。周云鹏等[61] 研究了微纳米气泡加气质量浓度对水培蔬菜生长与品质指标的影响，研究表明，水培蔬菜的干质量随加气质量浓度的升高呈先增加后减少的趋势，而根长随加气质量浓度的升高呈递增趋势，水培蔬菜适宜的加气灌溉质量浓度为 10～20mg/L。才硕等[62] 研究了微纳米气泡增氧灌溉对双季稻需水特性及产量的影响，研究结果表明微纳米气泡增氧灌溉处理的灌水量、排水量和耗水量均低于常规水灌溉处理，早、晚稻水分利用效率分别提高 7.78% 和 8.37%，降雨利用效率分别提高 6.03% 和 24.58%，产量分别提高 4.05% 和 3.35%，同时微纳米气泡增氧灌溉具有良好的节肥效果。朱艳等[63]的研究表明，加气灌溉在促进植株生长发育、提高番茄产量的同时有效提高了果实品质、改善了果实风味，加气灌溉下番茄果实中番茄红素、维生素C、可溶性糖的含量和糖酸比分别显著增大了 37.73%、31.43%、32.30% 和 45.64%。胡文同等[64]的研究表明，加气灌溉提高了土壤过氧化氢酶活性，促进了番茄生长，增加了土壤温度，但降低了土壤充水孔隙率。杜娅丹等[65]的研究结果表明，在未来变暖的气候下，降低氮肥用量与使用增氧灌溉结合将是保持作物产量同时减少土壤净温室气体排放量的重要做法。王振华等[66]的研究表明，加工番茄地下滴灌条件下最优灌水量为 $4050 m^3/hm^2$，施氮量为 $250 kg/hm^2$。曹雪松等[4-5]的研究表明，微纳米气泡水地下滴灌能改善作物土壤酶活性与养分状况，提高作物根区土壤肥力质量，从而提高作物产量。

1.2.4 加气灌溉对作物生长影响的研究进展

地下滴灌过程中土壤水分入渗将土壤空气驱逐开来，导致土壤出现周期性的滞水现象[51,67]，造成土壤通气性下降[68]。而作物根系对土壤缺氧特别敏感，根际缺氧会直接抑制作物对土壤中水分和养分的吸收[69]，影响作物的正常生长。地下滴灌灌水初期，滴头附近土壤含水率急速接近饱和，与周围临近土壤形成较大的土水势梯度，驱使土壤水快速扩散，形成一个由内到外含水率逐渐减小的湿润体。在滴灌过程中，由于稳定的水源供给，湿润体内土壤含水率普遍较高。在滴灌入渗过程中，随着湿润体的不断扩展，土壤空隙中充满水，含水率增大，土壤中的空气被排出，土壤透气性迅速减弱。灌水停止后，土壤水分在自身重力、吸力梯度的作用下会继续向外作扩散运动。湿润体内部土壤含水率随时间的延长而减少，土壤通透性有所改善，但土壤湿润体核心区（即作物根系主要分布区）的土壤含水率仍较高，使得根区土壤多处于还原状态，因此降低了土壤孔隙中氧气的可利用性和移动性，更加剧了作物根区土壤氧气含量降低的趋势[68]。

通常由于灌溉、排水不利、土壤质地和土壤紧实造成土壤氧气不足，影响根际呼吸，当呼吸活动超过氧气的有效范围时，植物根系和地上部器官的细胞中就时常发生氧气不足的现象[70-72]，抑制作物根系的有氧呼吸，从而影响作物正常的生长发育[73-75]。当土壤空气中氧气的含量小于 9%～10%，根系发育就会受到抑制，氧气含量低至 5% 以下时，绝大多数植物根系停止生长发育[76]。当灌溉或降水后，土壤孔隙中的气体被迫排出，造成作物根际土壤氧气减少，遏制了作物根系的有氧呼吸，从而影响作物生长[73-74]。温度、盐度、气压、水体环境等一系列条件影响土壤水中溶解氧的含量[77]。研究表明，温度越高，黄瓜根系耐低氧胁迫的溶解氧浓度就越高[78-80]；地膜覆盖栽培，有70%～80%的土壤表面被薄膜覆盖，在一定程度上改变了土壤结构和土壤空气状况；通过玉米覆膜试验得出，与裸地相比，地膜覆盖土壤空气中的氧气浓度降低了4.96%，二氧化碳浓度增高了32.39%[81]；地膜覆盖能够显著提高土壤温度和起到保墒作用，棉花地膜覆盖的增温效应能够提高地表和地下土壤温度梯度差，地表下向地表移动的水气数目增加，大部分水气都会汇聚在地膜下的表层土壤孔隙中，从而使膜下相对湿度始终保持在或者接近于饱和状态[82]，从而持续性地降低了膜下表土土壤孔隙中的空气含氧量，加剧了土壤缺氧，造成作物低氧胁迫。以上说明灌溉和覆膜等措施都会造成土壤氧气含量降低，影响根系呼吸和作物生长。当作物生长在氧气不足的条件下，根的呼吸作用只有正常状况下的1/3[83]，根部产生的缺氧信号会传达给冠层，减缓生长信息的吸收和传输，包括水、营养离子和植物生长素[84]，进而减缓了植物生长。根的呼吸是根代谢活动的能源，也直接控制地表作物的生长[85]。根系吸收水分和养分所消耗的能量主要靠根系有氧呼吸供给[73,86-87]，许多研究者也提出了作物根区缺氧会制约根系发展、植物生长这一现象[87-89]。

在低氧困境中，植物体内会发生一系列生理生化改变，水分吸收减少、矿质元素吸收降低，光合作用受到抑制[90]，呼吸代谢途径发生改变[91-92]，能量的供给和需求失衡，能源物质缺乏[93]，植物生长受到抑制[94]。根际增氧能够促进作物对养分、水分的吸收，当土壤中氧气供给不足会影响作物根系呼吸，降低 ATP（adenosine triphosphate）的产出，减少根系对水分和养分的吸收以及对植株的营养输送，增加根部氧气供给会增加根系对土壤速效磷、速效钾养分的吸收[95]。研究表明，改善根际氧气供给状况能够加强根区土壤酶的活性，改善土壤微环境，植株根系有氧呼吸被提高，从而提高了根系对土壤水肥和养分的吸收效率，进而使作物生长得更好，提高作物产量[77,96]。当土壤水分为田间持水量的70%～80%，通气系数为0.8时，番茄株高日变化率、茎秆直径、叶面积指数及叶片 $SPAD$ 值分别比对照提高了14.34%、22.39%、23.95%、29.98%；根系活力达最大值为13.44mg/（g·h），比对照增大了61.55%；番茄水分利用率也比对照提高了6.97%[97]。增氧滴灌对盐碱地番茄生长有明显的促进作用，与对照相比，株高、茎粗增加4.6%和4.3%，增产12.1%，可溶性固形物、总糖、可滴定酸和维生素 C 质量分数均有提高[98]。在灌水一致的条件下，通气可以提高玉米的株高、叶面积和 $SPAD$ 值，促进了玉米对土壤氮磷钾养分的吸收，显著增强了玉米的根系活力[99]。增氧灌溉能促进土壤呼吸作用，使菠萝根区 0～30cm 的土壤呼吸值比常规滴灌增长了 100％，同时提高菠萝单果重量、产量和水分利用率[69]。Bhattarai 等[100]利用地下滴灌系统将 H_2O_2 溶液灌溉到南瓜根区，与对照相比，南瓜增氧灌溉处理的结果量增加了 29％，产量增加了 25％。在重黏土、盐渍土等障碍性土壤中，作物根区供氧不足，可以降低根系呼吸作用从而使得作物产量下降，实施根区增氧后效果更明显。Bhattarai 等[101]在重黏土和盐渍土上种植番茄，将 12％的空气和灌溉水混合注入番茄根区进行灌溉，结果重黏土番茄果实产量增加了 16％，水分利用效率提高了 16％；盐渍土番茄产量增加了 38％，水分利用效率增加了 32％。微纳米气泡的加氧质量浓度为 10～20mg/L 时，有利于促进温室水培蔬菜的生长和产量的形成，提高蔬菜维生素 C 含量和可溶性糖量[61]。增氧滴灌促进了香芹植株的生长，并增强了其根茎叶的生理功能，以化学增氧滴灌方式对香芹相关生长特性影响较为显著[102]。增氧浓度为（7±0.5）mg/L 的处理能促进"灵武长枣"生长，提高果实品质[103]。通过以上相关研究可以看到，增氧灌溉为供氧不足的根区环境提供氧气来源，氧气供给确保了根系的最佳功能、微生物活动以及矿物质转化；促进根的生长，有利于根系从土壤中吸收水分与养分，使得产量增加、品质改善、用水效率提高。

加气灌溉作为地下滴灌系统的改进和发展，通过向作物根区直接输送水分和氧气，改变了土壤的缺氧状态。已被大量研究证实：加气灌溉能够提高土壤导气率，改善土壤氧环境，显著提高作物根区土壤呼吸速率，使根系有氧呼吸顺利进行，促进作物的生长、提高作物产量、改善作物品质、提高水分利用效率、保障土壤微生物活动、提高土壤酶活性等，显示出其在解决因灌水、土壤紧实等导致的根区缺氧问题方面的潜力[4,46-51]。加气灌溉的机理是促进作物地上部分光合作用及光合产物的积累与运转、促进根系生长发育及对土壤矿物质元素的吸收和增加土壤微生物群落多样性及酶活性。但是加气灌溉过程中水气传输不均匀会导致大量气泡从滴头附近向大气散失，因此如何将空气或氧气以超微气泡的形式均匀地输送到作物根区是决定加气灌溉能否大范围推广的关键。

水、肥、气、热、光作为植物生长发育的五大外部因素，共同操控着作物的生长发育。长期以来，研究的重点主要为水、肥调控对牧草生长发育的影响[104]，对光、热的研究相对较少[105]，对气的研究更少。土壤作为作物生长发育的基质，其中的通气状况直接影响到作物根系的呼吸作用及根区有机质的分解，进而影响作物根系的生长。为此，水气结合的灌溉方式成为了新的研究课题。在滴灌技术发展日新月异的今天，以滴灌技术为基础或与其相结合的集成技术日益得到重视和关注，滴灌集成技术的发展赋予了传统滴灌技术很多新的内涵和创新，为滴灌技术的综合利用创造了条件。

综上所述，上述研究多停留在起步阶段，其重点也主要集中在特定土壤水分运移特征、单一的水分利用效率和滴灌系统运行管理等方面，针对不同质地土壤毛管间距、毛管埋深等方面的研究较单一，缺乏完整性和系统性，特别是适宜于多年生牧草地下滴灌技术研究较少。因此，本书针对多年生牧草地下滴灌技术开展研究，是干旱半干旱牧区发展灌溉人工饲草料地、实现牧草提质增效、保护草原生态环境、调整畜牧业产业结构及促进草地畜牧业可持续发展理论的难点和技术应用亟须解决的关键科技问题，具有重要的现实意义。

1.3 研究内容

（1）地下滴灌点源入渗水分运动规律。通过进行试验区土壤特性参数测定试验和室内试验室地下滴灌模拟试验，分析地下滴灌条件下湿润锋的运移规律以及特征点的土壤含水率变化规律，确定地下滴灌条件下土壤水分运动规律。

（2）地下滴灌关键技术参数。分析滴灌带埋设深度、滴头流量、灌水定额对紫花苜蓿植株高度、根系和产量指标以及滴头堵塞情况的影响，通过对比的方法得出紫花苜蓿地下滴灌的滴灌带适宜埋设深度、滴头流量。

（3）紫花苜蓿地下滴灌耗水规律。通过田间不同灌水定额处理的对比试验数据分析，计算地下滴灌条件下紫花苜蓿在整个生育期耗水量和耗水强度，明确紫花苜蓿在各生育期的耗水量和耗水强度的变化规律。

（4）紫花苜蓿地下滴灌需水规律。采用 FAO - 56 推荐的 Penman - Monteith 法确定参考作物蒸发蒸腾量（ET_0），分别采用单、双作物系数法计算地下滴灌紫花苜蓿的作物需水量，并采用田间实测需水量进行检验分析，确定适合计算试验区地埋滴灌紫花苜蓿作物需水量的最佳方法。

（5）紫花苜蓿地下滴灌水肥药一体化技术。定量化研究紫花苜蓿地下滴灌各环节水分损失，分析其损失过程，开展滴头流量、滴灌带埋设深度和牧草生育期对灌水均匀性的影响研究；定量化研究紫花苜蓿地下滴灌各环节灌水损失以及对土壤含水率的影响；开展水、肥、药精准施用丰产增效关键技术研究，集成紫花苜蓿地下滴灌控水、控肥、控药三控一体化技术模式。

（6）紫花苜蓿地下滴灌优化灌溉决策研究。结合地下滴灌紫花苜蓿田间试验设计，通过组建模拟试验，基于 DSSAT4.5 模型对紫花苜蓿灌溉制度进行优化，以寻求在当今水资源紧缺状况下地下滴灌紫花苜蓿的最优灌溉制度，并筛选紫花苜蓿地下滴灌优化灌溉决策指标，构建紫花苜蓿地下滴灌优化灌溉决策指标体系；解析草地无效蒸发和有效蒸腾，以此为基础建立基于目标需水量（ET）阈值的精准灌溉用水管理模式；利用具有决策支持系统功能的 SADREG 模型开展紫花苜蓿地下滴灌优化灌溉决策研究。

（7）微纳米气泡水地下滴灌对紫花苜蓿根区土壤微环境的影响。通过田间定量观测和室内化验分析，研究不同微纳米气泡水溶氧量下土壤酶活性（过氧化氢酶、脲酶）、土壤微生物数量（细菌、真菌、放线菌）、土壤养分（速效氮、速效磷、速效钾）等参数的变化规律，揭示微纳米气泡加气地下滴灌水气耦合作用对苜蓿根区土壤微环境的影响。

（8）微纳米气泡水地下滴灌对紫花苜蓿生长发育的影响。通过田间定量观测和室内化验分析，研究不同试验处理下紫花苜蓿根系酶活性（超氧化物歧化酶、过氧化物歧化酶）、根系的生长状况（根系活力、根吸收面积、根系密度）、根系渗透调节物质浓度变化（脯氨酸、可溶性糖）及生物量（茎粗、株高、产量鲜重、干重）与品质的变化规律，揭示微纳米气泡加气地下滴灌水气耦合作用对紫花苜蓿生长发育的影响。

（9）微纳米气泡加气地下滴灌紫花苜蓿的关键参数。针对微纳米气泡加气地下滴灌紫花苜蓿这一独特生产方式，围绕水—土—草耦合界面，研究紫花苜蓿根区土壤微环境的变化规律及其根系、生物量与品质指标的响应规律，确定微纳米气泡加气地下滴灌紫花苜蓿适宜的加气质量浓度和灌水定额。

第2章 研究区概况和试验设计

2.1 研究区概况

2.1.1 基本情况

1. 研究地点

研究区位于内蒙古自治区鄂尔多斯市鄂托克前旗敖勒召其镇。鄂托克前旗位于内蒙古自治区鄂尔多斯市的西南端，毛乌素沙地腹部，地处内蒙古、陕西、宁夏3省（自治区）交界处，东与乌审旗接壤，南与陕西省定边县、靖边县和宁夏盐池县相邻，西与宁夏灵武市和陶乐县相邻，北与鄂托克旗毗连。地理坐标为东经106°30′～108°30′、北纬37°38′～38°45′。全旗辖4个镇，69个村（嘎查），321个自然村。东西长156km，南北宽80km，总面积12180km²。

2. 研究区人口与经济情况

鄂托克前旗是一个多民族聚居地区。2010年全旗总人口7.6万人，其中农业人口5.34万人，全旗国民生产总值50.23亿元，其中农牧业总产值5.18亿元，工业总产值8.05亿元。粮食总产量0.96亿kg，全旗财政收入10亿元，农牧民人均纯收入8764元。

牧业年度家畜总头数2126900头（只），其中大畜57438头（只），小畜1991349头（只），猪78113头（只）。全年牲畜出栏86.3万头（只），肉类总产量22454t，羊毛产量2385t，山羊绒产量164t，共建成各类青贮窖6570处，青贮饲用玉米74.4万t，建成模式化养殖棚12095处，全年育肥出栏56.9万头（只）。

2.1.2 气候、地形与地貌

鄂托克前旗属于中温带温暖型干旱、半干旱大陆性气候，冬寒漫长，夏热短促，干旱少雨，风大沙多，蒸发强烈，日光充足。多年平均气温为7.9℃，1月最低，为−9.6℃；7月最高，为22.7℃。日最高气温30.8℃，日最低气温−24.1℃。多年平均降水量为260.6mm，降水量年内分配很不均匀，年际

14

变化较大。7—8月的降水量一般占年降水量的30%~70%，6—9月的降水量一般占年降水量的60%~90%。最大年降水量为417.2mm，最小年降水量为118.8mm，极值比为3.5。多年平均蒸发量为2498mm，最大年蒸发量为2911mm，最小年蒸发量为2162mm。4—9月的蒸发量一般占年蒸发量的70%~80%，5—7月的蒸发量一般占年蒸发量的40%~50%。常年盛行风向为南风，其次是西风和东风，多年平均风速为2.6m/s。平均沙暴日数为16.9d；相对湿度平均为49.8%；年平均日照时数为2500~3200h，平均为2958h；无霜期平均171d，最大冻土层深度1.54m。

鄂托克前旗地形为中间高，东西低。最低处在本旗（西偏北）与宁夏陶乐县交界地带，海拔1160m，最高点在中部上海庙镇芒哈图嘎查的巴音乌都，海拔高程1552.1m，境内最大相对高程392.1m。中部阿太巴格—巴郎庙为北南向条带状高平台，海拔在1400m以上，形成了地形分水岭，地面高程西部为1200~1440m，东部为1360~1440m。旗境东北部马拉迪一带地势较高，地面高程为1400~1440m。在高平台两侧的下降低洼地带，分布有近乎垂直地形走向的湖盆洼地，海拔1160~1320m。这些湖盆洼地是地表水和地下水的汇集之地，由于长期的蒸发作用而浓缩，形成了盐碱湖和盐碱滩，如北大池盐湖、五湖洞盐湖、乌兰淖尔碱滩等。鄂托克前旗主要呈高原和沙地地貌。以敖勒召其镇的三段地—敖勒召其镇—昂素镇的伊克乌素、明盖、阿日赖为一线，分割成两个不同的地貌类型，东部为毛乌素沙地，西部为鄂尔多斯波状高原。波状高原地形广阔，结构单调。沙地的基本特点是沙滩相间、滩梁相间分布。

2.1.3 研究区土壤

鄂托克前旗境内的土壤种类主要有黄绵土、灰钙土、栗钙土、棕钙土、风沙土、草甸土、盐土和沼泽土等。对试验区1m深土壤进行室内颗粒分析的结果表明，0~100cm土层是均质土，确定土壤类型为砂土（表2.1）。利用环刀在试验区取原状土，进行田间持水量室内测定，并与田间的测定结果进行对比，确定了试验区0~100cm土层的田间持水量为22.86%。采用HOBO地下水位自动测定仪（美国）测定试验区地下水水位变化，确定了试验区地下水埋深为1.2~2.0m。

表2.1　　试验区土壤机械组成分析结果

层深度/cm	容重/(g/cm³)	比重	土壤颗粒分布/%			土壤类型
			0.05~2mm	0.002~0.05mm	<0.002mm	
0~100	1.62	2.71	76.85	21.69	1.46	砂土

2.2　试验设计

2.2.1　试验区概况

（1）试验地点。多年生牧草地下滴灌技术研究地点选定在鄂托克前旗敖勒召其镇鄂尔多斯市恒丰节水工程技术有限公司园区内，具体位置如图 2.1 所示。

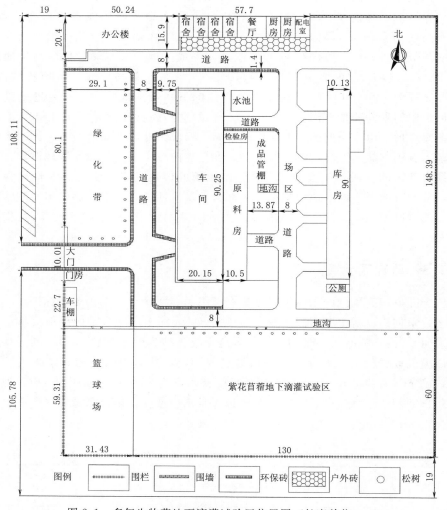

图 2.1　多年生牧草地下滴灌试验区位置图（长度单位：m）

（2）试验区面积。多年生牧草地下滴灌技术试验区长 130m、宽 60m，总面积约 11.7 亩●。

（3）试验区水源。试验区附近现有水源井两眼，分别距离试验地约 150m 和 80m；本研究拟采用其中 1 眼井进行灌溉试验，该井井深 110m，为钢管井；潜水泵型号为 200QJ32 - 104/8，单井出水量 32m³/h，扬程 104m，功率为 15kW，主管道为 DN110，距离试验区约 150m。

（4）试验区供试材料。

1）滴灌材料：滴灌带采用贴片式滴灌带，滴灌带壁厚为 0.4mm，滴头流量为 2.0L/h，滴头间距为 0.3m，每条滴灌带控制 4 行紫花苜蓿，滴灌带间距为 60cm。

2）苜蓿品种：紫花苜蓿为种植第三年苜蓿，品种为草原 2 号，条播，播种量为 2kg/亩，行距 15cm。

3）试验供试肥料：氮肥为尿素（含 N46.4%），磷肥为磷酸二铵（含 P_2O_5 46%），钾肥为硝酸钾（含 K_2O 44.5%）。

图 2.2 苜草净药剂

4）试验供试药剂：二嗪农（50%），西维因（80%）可湿性粉剂，苜草净，如图 2.2 所示，其中有效成分为咪唑乙烟酸，有效成分含量为 5%，每季作物使用一次。

5）试验加气设备：加气设备采用北京中农天陆微纳米气泡水科技有限公司生产的微纳米气泡发生装置，规格型号为 TL - MBG50 - A，如图 2.3 所示。

图 2.3 微纳米气泡发生装置

● 1 亩≈666.67m²。

6）滴灌水中溶解氧测量设备：溶解氧测量设备采用美国维赛光学溶解氧测量仪，规格型号为 YS-IPro20，如图 2.4 所示。

（5）紫花苜蓿种植方法。紫花苜蓿采用人工条播，行距 15cm，为保证紫花苜蓿的营养价值和适口性，在初花期适时刈割收贮。每年苜蓿收割三茬，每年 4 月上旬开始返青，9 月底收割第三茬。

2.2.2　试验田间设计

1. 地下滴灌土壤水分入渗试验设计

试验采用 40cm×40cm×40cm 的矩形土箱来避免边界对水分运移的影响。供水系统采用 0.1MPa 的恒压供水装置，在供水装置与滴灌带连接处安装水表，记录供水总量。土壤含水率测定系统由 HH2 型 TDR 水分探测仪和数据采集装置两部分组成，该

图 2.4　维赛 YSIPro20 溶氧仪

系统可长期动态监测土壤含水率的变化情况，灌水期间每隔 1min 记录一次土壤含水率，灌水时间为 8h。由于试验土壤为砂土，所以采用贴片式滴灌带，贴片式滴灌带采用紊流流道设计，灌水均匀；其滴头自带过滤窗，抗堵性能好。

根据试验土壤的干容重分层装土，每层之间打毛。在装土过程中水平埋设 TDR 探头，埋设深度分别为 5cm、15cm、25cm、35cm。滴灌带埋深分别为 20cm 和 15cm。试验用的滴灌带共 3 个滴头，流量都为 2.0L/h，其中土箱内 1 个，土箱外 2 个，土箱外滴头下用量杯接水。根据水表读数与量杯的水量计算出土箱内供水量。HH2 型 TDR 水分探测仪自动检测灌水过程中土壤水分变化，时间间隔为 1min，同时对土体水平和垂直方向湿润锋运移距离随时间变化过程进行记录。

2. 地下滴灌滴头堵塞率试验设计

2018 年在鄂托克前旗敖勒召其镇进行紫花苜蓿地下滴灌系统试验布置，试验设置滴灌带埋深为 10cm、15cm 两个水平，滴灌带采用贴片式滴灌带，滴头流量分别为 1.38L/h、2.0L/h、3.0L/h 三个水平。试验布置完后，对整个系统进行全面的冲洗，保证管道内的清洁。试验期间将大量元素水溶肥与尿素按照一定的配比，全部由滴灌系统进行施肥。2018 年为紫花苜蓿生长第一年，只进行灌溉未进行施肥，2019 年开始施肥。施肥系统运行采用水肥利用率高的 1/4～1/2～1/4 的模式，即前 1/4 时间灌清水，中间 1/2 时间施肥，最后 1/4 时间灌清水冲洗管网。

2019 年紫花苜蓿第三茬达到初花期后，对运行两年地下滴灌的滴灌带的滴头堵塞情况进行评估。将不同处理的埋于地下的毛管挖出，并记录苜蓿根系的入侵情况，每个试验小区取 3 根滴灌带。试验在鄂托克旗前旗恒丰节水公司厂区进行，试验所用的测试池面积为 6m×2m，池中共有 4 个带有开关的水龙头，每个水龙头前安装压力计。将滴灌带接入其中的 3 个水龙头，另外一个水龙头用于调节水压保证试验的工作压力为 0.1MPa。打开装置后，使其先运行 2min，等工作压力稳定后，在进行测试的每条滴灌带下快速放入容积为 3L 的量筒，并开始计时，1h 时后关闭水泵，读取每个量筒的水量。每次只对一个小区的取出的滴灌带进行测试，试验重复 3 次。试验中将每根滴灌带用纱布轻绑在长 7m 的空心光滑的铝棍上来保持滴灌带稳定，从而保证每个滴头流出的水能落入相应的量筒中。最后对试验中相同批次的新滴灌带进行测试。

3. 紫花苜蓿地下滴灌技术参数试验设计

试验区位于昂素镇哈日根图嘎查示范区内。根据当地人工牧草种植情况，选择紫花苜蓿为主要研究对象，其生育阶段划分为苗（返青）期、分枝期、现蕾期、开花期。初花期刈割，紫花苜蓿在刈割后进入下一生长周期。

采用田间对比试验法进行设计，紫花苜蓿地下滴灌技术参数试验采用 2 因子 3 水平正交组合设计，设滴灌带埋深和滴头流量 2 个因子：设 3 种滴灌带埋深，分别为 10cm（D1）、20cm（D2）和 30cm（D3），设 3 个滴头流量，分别为 1.38L/h（L1）、2.0L/h（L2）和 3.0L/h（L3），共计 9 个处理，详见表 2.2。每个处理 3 次重复，共计 27 个试验小区，每个小区的长度为 20.0m，宽度为 5.0m，面积为 100m²，试验区总面积 900m²。采用贴片式滴灌带，滴灌带壁厚为 0.4mm，滴头间距为 0.3m；每条滴灌带控制两行紫花苜蓿，滴灌带间距 60cm。每个处理的灌水日期和灌水次数相同，灌水日期根据处理 5 的适宜含水率下限计算确定。试验区布置如图 2.6 所示。

表 2.2　　　　　　　　紫花苜蓿地下滴灌技术参数试验设计表

处理	滴灌带埋深/cm	滴头流量/（L/h）	处理	滴灌带埋深/cm	滴头流量/（L/h）
D1L1	10	1.38	D2L3	20	3.0
D1L2	10	2.0	D3L1	30	1.38
D1L3	10	3.0	D3L2	30	2.0
D2L1	20	1.38	D3L3	30	3.0
D2L2	20	2.0			

4. 紫花苜蓿冬灌试验设计

试验区均采用人工条播，行距 0.3m，播种量 15kg/hm²，播深 3cm，播后镇压。灌溉采用内镶贴片式滴管带，外径 16mm，壁厚 0.3mm，滴孔间距 0.3m，滴灌带间距为 0.3m，流量 2.5L/h。

紫花苜蓿越冬期冬灌次数为 2 次，一次是当年紫花苜蓿收获后进入越冬期之前，此时土壤不断经历昼夜的冻融逐渐进入稳定冻结期，此时灌水称为"封冻灌溉"；另一次是翌年紫花苜蓿越冬期即将结束进入返青期之前，此时土壤由稳定冻结期逐渐解冻，此时灌水称为"融冻灌溉"。紫花苜蓿冬灌具体时间的确定在参考前人研究成果的基础上，结合研究区气候条件及田间管理经验，封冻灌溉灌水日期确定为每年的 10 月上旬，融冻灌溉灌水日期确定为每年的 5 月上旬；灌水量采用高、中、低 3 种处理进行控制，分别对应土壤根系层含水量达到田持的 70%、80%、90%，并设置不冬灌的处理作为对照。紫花苜蓿生长期的灌水和施肥根据当地传统田间管理进行。紫花苜蓿冬灌指标详见表 2.3。

表 2.3　　　　　　　　　　紫花苜蓿冬灌指标表

阶段	灌溉时间	灌溉处理	土壤水分阈值（占田持百分比）/%
封冻灌溉	10 月上旬	不灌	自然状态
		低水量	70%～75%
		中水量	80%～85%
		高水量	90%～95%
融冻灌溉	翌年 5 月上旬	不灌	自然状态
		低水量	70%～75%
		中水量	80%～85%
		高水量	90%～95%

试验区均布置 12 个试验小区，包括 4 种试验处理，每种处理重复 3 次。12 个试验处理的代码分别为 DD、ZZ、GG、BB（CK），每一种处理均有两个字母作为代码，其中第一个字母代表封冻灌溉水量，第二个字母代表融冻灌溉水量；代码字母含义分别为：D 代表低水量灌溉，Z 代表中水量灌溉，G 代表高水量灌溉，B 代表不灌水处理。氢氧同位素取样时在滴灌带位置（简写为 T）、紫花苜蓿位置（简写为 A）和紫花苜蓿行间空地位置（简写为 B）3 个位置分别取样，用以分析冬灌紫花苜蓿水分运移与苜蓿水分摄取策略。

5. 紫花苜蓿地下滴灌水肥药试验处理设计

试验采用 5 因子 3 水平正交组合设计，具体试验水肥药水平和正交试验设计详见表 2.4 和表 2.5，其中试验中药品每季作物仅使用一次。试验共设 12 个不同正交设计处理，每个处理 3 次重复，共计 36 个试验小区，每个试验小区的长度为 60m，宽为 8m，面积为 480m²，试验小区总面积 5760m²。为了避免每个处理相互之间的影响，每个处理间设置 2.0m 宽的隔离带。试验监测时将每个处理划分为 3 个试验小区进行监测，即每个试验小区的长度均为 20m，宽度均为 8m，面积为 160m²。试验区布置图详见图 2.5。

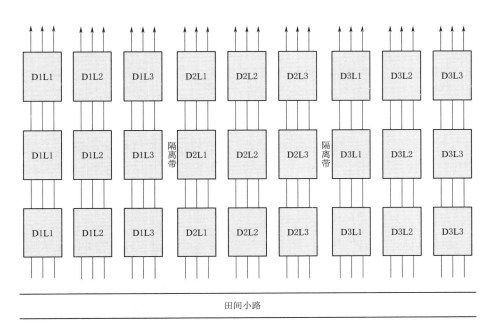

图 2.5　试验区布置图（一）

注：——代表滴灌带，其中箭头表示水流方向。

表 2.4　　　　　　紫花苜蓿地下滴灌水肥药施配水平设计表

处理水平	处 理 因 素				
	灌水定额/mm	N/(kg/hm²)	P₂O₅/(kg/hm²)	K₂O/(kg/hm²)	Y（咪唑乙烟酸）/(g/hm²)
1	20（低）	0（低）	45（低）	60（低）	75（低）
2	25（中）	60（中）	90（中）	120（中）	
3	30（高）	120（高）	135（高）	180（高）	97.5（高）

表 2.5　　　　　　紫花苜蓿地下滴灌正交试验 5 因素 3 水平设计表

处理	灌水定额	N	P₂O₅	K₂O	咪唑乙烟酸
SF-1	1	1	1	1	1
SF-2	1	2	2	2	1
SF-3	1	3	3	3	1

续表

处理	灌水定额	N	P_2O_5	K_2O	咪唑乙烟酸
SF－4	2	1	1	1	1
SF－5	2	2	2	2	1
SF－6	2	3	3	3	1
SF－7	3	1	1	1	1
SF－8	3	2	2	2	1
SF－9	3	3	3	3	1
SF－10	2	1	1	1	3
SF－11	2	2	2	2	3
SF－12	2	3	3	3	3
CK	以当地牧民传统的紫花苜蓿种植田块为对照处理				

注　表中数字代表表 2.4 中处理水平的编号。

为了保证试验的严谨性，设 1 个常规大田对照处理 CK。为了保证试验各处理间的可对比性，各处理滴灌带其他性能参数均相同，即：壁厚均为0.4mm（壁越厚抗物理损伤能力越强，寿命越长，如多季使用，建议滴灌带壁厚大于 0.2mm），滴头间距 30cm，紫花苜蓿种植行间距 15cm（土壤为沙土、肥力较差，建议高密度种植），每条滴灌带控制 4 行紫花苜蓿，滴灌带间距 60cm。每个处理的灌水日期和灌水次数相同，灌水日期根据处理 SF－5 适宜含水率下限计算确定；每次的灌水量采用水表计量。

6. 紫花苜蓿微纳米气泡水地下滴灌试验设计

田间小区试验采用多组合正交试验法，灌水量设 3 个水平，分别为20mm、25mm、30mm。溶氧量设 3 个水平，即微纳米气泡在水中的溶解氧质量浓度分别为 1.8mg/L、5.0mg/L、8.2mg/L。为保证试验各处理间的可对比性，各处理其他性能参数均相同，即：滴灌带埋深均为 15cm，滴灌带均采用贴片式滴灌带，滴头流量均为 2.0L/h，壁厚均为 0.4mm，滴头间距 30cm，紫花苜蓿种植行间距 15cm（土壤肥力较差，建议高密度种植），每条滴灌带控制 4 行紫花苜蓿，滴灌带间距 60cm。每个处理的灌水日期和灌水次数相同，灌水日期根据土壤适宜含水率下限计算确定；每次的灌水量采用水表精确计量。为了使微纳米气泡增氧效果更加明显，设计一个常规试验处理（WA－10）作为对照，对照处理根据当地农牧民多年生产经验进行常规灌水。各试验处理灌水定额和溶氧量详见表 2.6。试验区布置如图 2.6 中的处理 1～处理 10所示。

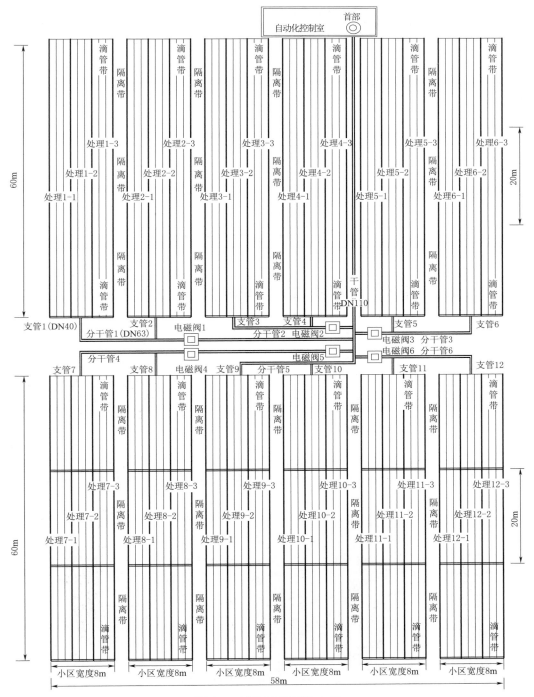

图 2.6　试验区布置图（二）

表 2.6　　　　　　　　　　微纳米气泡加气地下滴灌试验设计表

处　理	灌水定额 W/mm	溶氧量 A/（mg/L）
WA－1	20	1.8
WA－2	20	5.0
WA－3	20	8.2
WA－4	25	1.8
WA－5	25	5.0
WA－6	25	8.2
WA－7	30	1.8
WA－8	30	5.0
WA－9	30	8.2
WA－10	根据当地农牧民多年生产经验进行常规灌水	

2.3　试验田间管理、观测内容、观测方法与观测结果

2.3.1　田间管理

紫花苜蓿播种前平整土地，根据气象条件适时播种，管理过程中耕除草。为保证牧草的营养价值和适口性，紫花紫花苜蓿在盛花期适时刈割收储。

2.3.2　试验区气象数据

试验区设农田气象站一座，主要监测试验田间降水、风速、气压、湿度和气温等气象数据，并在自动化控制室显示屏实时显示。试验区气象站见图 2.7。

图 2.7　试验区气象站

对鄂尔多斯市鄂托克前旗 1980—2020 年降雨进行频率分析，得出项目执行年份（2018—2020年）的降雨量分别为 247.86mm、202.70mm、183.50mm，降雨频率分别为 52.10%、74.82% 和 83.13%；降雨量频率曲线如图 2.8 所示。紫花苜蓿 2018—2020年度生育期内有效降雨量如图 2.9～图 2.11 所示。

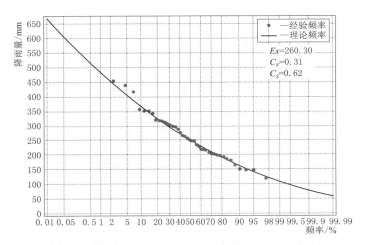

图 2.8 鄂托克前旗 1980—2020 年降雨量频率曲线

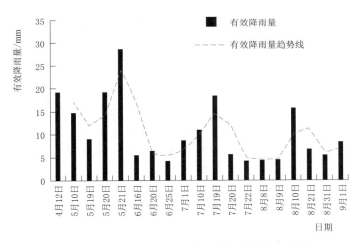

图 2.9 紫花苜蓿 2018 年度生育期内有效降雨量

2.3.3 灌水情况和土壤田间持水量、土壤容重、土壤含水量

灌水情况:记录各试验处理的灌水时间、灌水定额和灌溉定额等。

田间持水量:采取田间和室内测定两种方法,并进行对比,播种前按 10cm、20cm、30cm、40cm、50cm、60cm、80cm、100cm 分层进行测定。

土壤容重:播种前在田间按 10cm、20cm、30cm、40cm、50cm、60cm、80cm、100cm 分层进行测定。

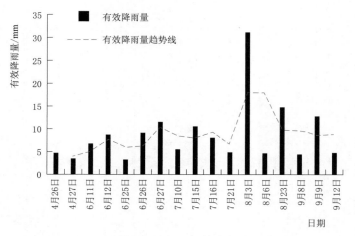

图 2.10　紫花苜蓿 2019 年度生育期内有效降雨量

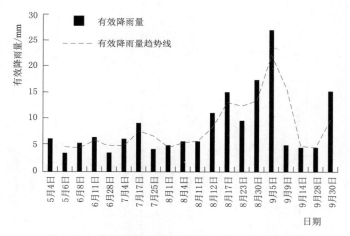

图 2.11　紫花苜蓿 2020 年度生育期内有效降雨量

图 2.12　HOBO 土壤墒情自动监测设备

土壤含水量：每个试验处理小区安装有土壤湿度计，采用烘干法和仪器测定两种方法计算土壤含水率。烘干法使用土钻取土，烘箱烘干，烘干法测定从开始播种至收获结束每 10d 一次，降雨前后加测；仪器测定采用 HH2 型 TDR 土壤水分测定仪和 HOBO 土壤墒情自动监测设备，见图 2.12，每根 TDR 管测 3 次，取均值代表试验小区的土壤含水率，HOBO 土壤墒情自动监测设备每 1min 监测和记录 1 次。

2.3.4　地下水埋深

采用 HOBO 地下水位自动测定仪（美国）测定试验区地下水水位变化，每 2h 采集与记录 1 次数据。紫花苜蓿试验区地下水埋深为 2.5～3.0m。

2.3.5　地下滴灌灌水均匀性测定

在灌水前、灌水后 12h 分别进行各测点土壤含水率测定，每个试验处理设 36 个测点，在每个测点分别埋设 TDR 进行土壤含水率测定，测定深度均为 10cm、20cm、30cm、40cm、60cm、100cm。地下滴灌灌水均匀性 TDR 布设方案见图 2.13。

(a) TDR位于滴灌带滴头连线上　　　　　(b) TDR位于滴灌带相邻滴头连线中间

图 2.13　地下滴灌灌水均匀性 TDR 布设方案

2.3.6　地下滴灌灌水损失过程的测定

对各测点进行土壤含水率连续测定，在各测点埋设土壤含水率自动测定探头，测定时间间隔设置为 5min。每个测点探头埋设个数设为 12 个，分别测定 5cm、10cm、15cm、20cm、25cm、30cm、35cm、40cm、45cm、50cm、55cm、60cm 的土壤含水率。地下滴灌灌水损失过程测定的布设方案见图 2.14。

图 2.14　地下滴灌灌水损失过程测定的布设方案

2.3.7　紫花苜蓿株高、产量和品质

紫花苜蓿生育阶段划分为返青期、拔节期、分枝期和开花期，进入初花期时进行刈割，每年刈割 3 茬，采用样方法测定紫花苜蓿株高和干草产量。样方面积为 1m×1m，株高采用卡尺测量，每个样方测量 3 次，最后取平均值，刈割后称紫花苜蓿鲜质量，然后将鲜草样放入烘箱，105℃高温杀青 30min 后调节温度至 65℃，恒温条件下烘 48h，冷却后取出称其干质量，见图 2.15。

图 2.15　紫花苜蓿测株高和产量

2.3.8　紫花苜蓿根系分布

利用 Marquez - Ortiz 法确定紫花苜蓿根茎形态特征。根茎直径：用游标卡尺测根茎膨大处的直径即为根茎直径；根茎入土深度：用卡尺测量从地表到根茎上端的深度即为根茎入土深度；分枝数：从根茎直接长出的分枝个数即为分枝数。

利用 Johnson 法确定根形态特征。主根直径，即根茎 1cm 处直径；主根长度，即根茎以下主根一直到根直径 $d \geqslant 0.1cm$ 处的长度；侧根数，侧根离主根 0.5cm 处的 $d \geqslant 0.1cm$ 时，可计入；$d < 0.1cm$ 时，不计入；侧根直径，即靠近主根处侧根的直径；侧根位置，即距离根茎最近的第一个侧根位置；根系生物量为根系的干重。

2.3.9　土壤酶活性

分别于每茬苜蓿的苗期、拔节期、分枝期、开花期采集土样测土壤酶活性。采集地表下 0～40cm 根际土充分混合均匀后作为一个土样，每个处理重复取样 3 次。过氧化氢酶活性采用滴定法（0.1mol/L 的标准 $KMnO_4$ 液滴定）测定，土壤过氧化氢酶活性使用每克干土所消耗 $KMnO_4$ 溶液的毫升数表示，

单位为 mL/g。脲酶活性采用苯酚-次氯酸钠比色法测定，土壤脲酶活性使用每克土 24h（1d）后所生成的 NH_3-N 质量表示，单位为 mg/（g·d）。

2.3.10　土壤微生物数量

采集根际土测定土壤微生物数量，利用铁锹挖取植株根系，抖落掉大块土壤，用软毛刷刷取与根系结合紧密的根表土（约地表下 0～60cm），充分混合均匀后作为一个土样，每个处理重复取样 3 次。将采集的土样用灭菌塑料袋包扎密封，于 4℃保存，用于微生物数量测定。采用稀释平板涂抹法混菌接种，同一土样（0.1mL 菌悬液）接种三个连续的稀释度，每个稀释度重复 3 次。细菌选用牛肉膏蛋白胨琼脂培养基培养，真菌选用马丁氏培养基培养，放线菌选用改良高氏一号培养基培养。所有土壤取样均为小区内随机取样，每个处理重复取样三次。上述操作均在无菌条件下进行，以避免污染。

2.3.11　土壤速效养分

土壤速效养分一般是土壤中水溶性和交换态的养分，作物可直接吸收利用或者可以很快从土壤胶体上交换出来供植物利用的养分。

（1）速效 N：称取 2g 土样于扩散皿外圈中，加入 2mL 硼酸指示剂于内圈，然后加入 10mL 浓度为 1mol/L 的氢氧化钠溶液于外圈（用针筒吸取，不需准确，过量即可），涂上甘油，盖上毛薄片，捆上橡皮筋后放置 24h 后用标准酸（低浓度）滴定内圈硼酸即可。

（2）速效 P：称取 1g 土样于 50mL 离心管中，加入 20mL 浓度为 0.5mol/L 的碳酸氢钠，放入 25℃，220r/min 的摇床中振荡 30min，取出后用滤纸过滤到 50mL 小烧杯中，吸取 5mL 滤液于 25mL 容量瓶中，加入 2.5mL 显色剂后定容，显色半小时后测定。

（3）速效 K：称取 0.5g 土样于 50mL 离心管中，加入 20mL 浓度为 0.5mol/L 的醋酸铵，放入 25℃，220r/min 的摇床中振荡 30min，取出后用滤纸过滤到 50mL 小烧杯中，然后直接用原子吸收分光光度计测定。

2.3.12　紫花苜蓿根系酶活性和渗透调节物质

紫花苜蓿根系酶活性的测定主要是测定根系超氧化物歧化酶（SOD）和过氧化物歧化酶（POD）的活性。SOD 采用氮蓝四唑（NBT）光化还原法测定；POD 采用愈创木酚氧化法测定。用 TTC 法测定每株根系还原活力。三者均在实验室内进行。紫花苜蓿根系调节物质主要是根系游离脯氨酸，其测定采用茚三酮法：称取 0.5g 根系放入试管中，加入 5mL 3% 的磺基水杨酸，放入沸水浴中提取 15min。静置冷却后吸取上清液 2mL 置于另一试管中，依次加入 2mL 冰乙酸、2mL 酸性茚三酮,摇匀后置沸水浴中显色 15min。取出冷却后,向试管中加入 5mL 甲苯,用橡胶塞塞住试管口,充分振荡以萃取红色产物。吸取上层红色甲苯层于比色杯中,用分光光度仪于 520nm 波长下比色,以空白实验作参比读出光密度,查用脯氨酸标准溶液绘制的标准曲线,即可求出脯氨酸的含量。

2.3.13 紫花苜蓿品质

主要测定紫花苜蓿的粗蛋白和粗脂肪品质指标。粗蛋白测定采用 H_2SO_4-K_2SO_4-$CuSO_4$-Se 消煮法,粗脂肪测定采用 $CaCl_2$-$HOAc$ 浸提-旋光法。

第3章 地下滴灌土壤水分入渗规律

3.1 供试土壤特性参数

3.1.1 试验区土壤水分特征曲线

　　试验采用压力薄膜仪测定试验田土壤水分特征曲线。在试验田利用环刀取原状土带回实验室，用环刀取试验田不同深度（0～20cm、20～40cm、40～60cm、60～80cm、80～100cm）原状土作为待测样本，进行饱和浸泡并进行逐日测试。首先将陶土板在蒸馏水中浸泡24h，待测环刀原状土样本也需提前浸泡至饱和并称重，当饱和环刀原状土样本置于压力室后，吸去多余水分，连接压力室内外排水系统，密封压力室，调好所需压力值，打开压力阀给压力室供压，24h后取出环刀样本称重，之后放回压力室继续调压称重，直至压力达到15bar时为止。根据试验田各层土壤容重，计算出各层土壤压力值对应的土壤体积含水率，进而获得试验田土壤水分特征曲线，如图3.1所示。

3.1.2 试验田土壤质地

　　采集试验田0～100cm深度土壤剖面各层土样（分5层，每层20cm，分别为0～20cm、20～40cm、40～60cm、60～80cm、80～100cm，每层取样3

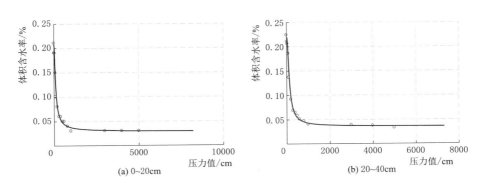

图3.1（一）　不同土层土壤水分特征曲线

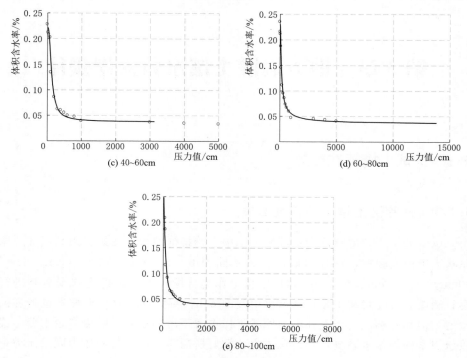

图 3.1（二）　不同土层土壤水分特征曲线

个），测定各层土样土壤容重，并用激光粒度仪（HELOS/BR‐RODOS，德国）测定各层土样颗粒级配，各层土样土壤颗粒级配曲线如图 3.2 所示。按照美国农业部土壤质地三角图（图 3.3）查得划分结果，见表 3.1。由表 3.1 可以得出，试验田土壤质地主要为砂土。

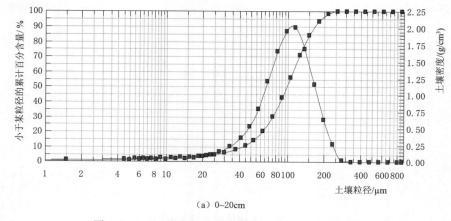

（a）0～20cm

图 3.2（一）　试验区不同土层的土壤颗粒级配曲线

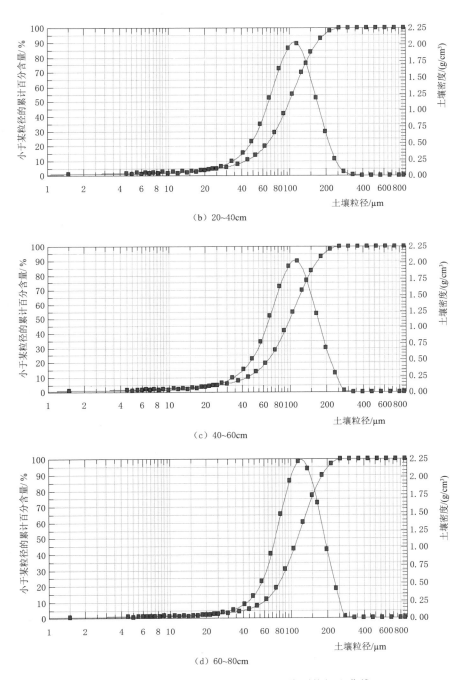

（b）20～40cm

（c）40～60cm

（d）60～80cm

图 3.2（二） 试验区不同土层的土壤颗粒级配曲线

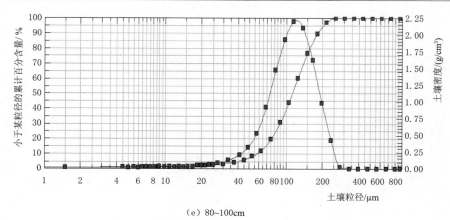

（e）80~100cm

图 3.2（三）　试验区不同土层的土壤颗粒级配曲线

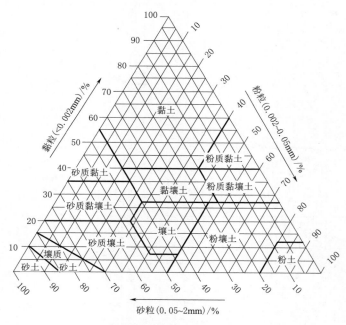

图 3.3　美国农业部土壤质地三角图

表 3.1		砂 土 颗 粒 组 成			
土层深度/cm	容重/（g/cm³）	土 壤 颗 粒 组 成/%			土壤类型
		砂粒（0.05~2mm）	粉粒（0.002~0.05mm）	黏粒（<0.002mm）	
0~20	1.63	87.02	12.47	0.51	砂土
20~40	1.64	87.5	11.97	0.53	砂土

续表

土层深度/cm	容重/(g/cm³)	土壤颗粒组成/%			土壤类型
		砂粒 (0.05～2mm)	粉粒 (0.002～0.05mm)	黏粒 (<0.002mm)	
40～60	1.58	87.63	11.88	0.49	砂土
60～80	1.55	93.11	6.63	0.26	砂土
80～100	1.53	93	6.75	0.25	砂土

3.1.3 田间持水率

利用环刀在试验区取原状土，进行田间持水率室内测定，并与田间的测定结果进行对比，确定试验区 0～100cm 土层的田间持水率为 18.58%，见表 3.2。

表 3.2 砂 土 基 本 物 理 参 数

土壤	饱和含水率 θ_a/%	田间持水率 θ_s/%	初始含水率 θ/%
砂土	22.04	18.58	3.51

3.2 地下滴灌土壤水分运动及含水率变化规律

不同于地面滴灌，地下滴灌条件下的水分入渗是立体全方位的入渗，并且垂直向上的水分入渗速率关系到滴灌带的埋深和灌水均匀性。试验中滴灌带埋深分别为 15cm、20cm（以实验装置土体的上表面为水平面计算 TDR 和滴灌带埋设深度）。图 3.4 为滴灌带埋深为 20cm 时距离滴头不同距离（垂直距离）的 TDR 测定的土壤含水率的变化情况，可以看出在灌水后 60min 左右，滴头下方距离其最近的 25cm 处的土壤含水率迅速增加，随着灌水时间的推移水分运动速率下降；灌水后 300min 左右，15cm、25cm、35cm 处的含水率基本平衡。垂直向上水分运动速率明显小于其他方向，越往上水分运动速率越慢。从图 3.4 中可以看出，滴灌带埋深为 20cm 时，当土体 5cm 处含水率增加时，15cm、25cm、35cm 处已经达到土壤饱和含水率；当土体 5cm 处达到田间持水率时，15cm、25cm、35cm 处土壤含水率远远超过土壤饱和含水率，造成了水分浪费，不利于作物生长，尤其是处于苗期的作物。从图 3.5 中可以看出，滴灌带埋深为 15cm 时，土体 5cm 和 35cm 处含水率同时增加，此时土体 15cm 和 25cm 处含水率尚未达到饱和含水率，当土体 5cm 处达到田间持水率时，其他各点刚达到饱和含水率。对比图 3.4 和图 3.5 可知，在砂土中地下滴灌条件下滴灌带埋深为 15cm 时，能够满足紫花苜蓿苗期的需水要求，但是随着作物的不断生长紫花苜蓿的根系也在不断向下延伸，试验中发现第二年的紫花苜蓿根系主要集中在 $10\sim30\mathrm{cm}$，根据室内模拟试验的土壤含水率变化规律可知，第二年紫花苜蓿滴灌带埋深设为 $20\mathrm{cm}$ 较为适宜，但是这个深度不利于紫花苜蓿苗期生长，所以为了提高紫花苜蓿苗期的成活率，在苗期采用地下滴灌与地面滴灌相结合的措施，第二年的紫花苜蓿仅采用地下滴灌，这样可以提高根系水分利用率。

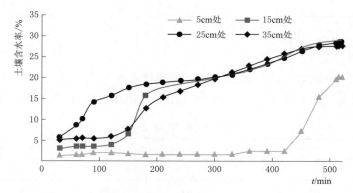

图 3.4　滴灌带埋深为 20cm 时土壤含水率随灌水时间的变化

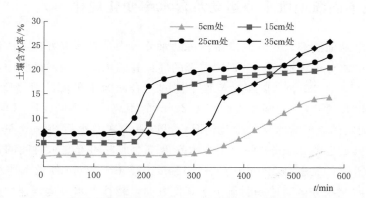

图 3.5　滴灌带埋深为 15cm 时土壤含水率随灌水时间的变化

3.3　地下滴灌湿润锋推移特征

地下滴灌条件下土壤的湿润锋呈现不规则橄榄球形，土壤湿润锋的形状在滴灌带埋深为 15cm 时比 20cm 时更接近橄榄球形，这是由于垂直向下水分运动较快，其他方向运动相对较慢。湿润锋处的水分运动属于非饱和土壤水分运动，此时水分运动主要由水势梯度和非饱和导水率决定。图 3.6 和图 3.7 为在滴头流量一定的情况下，滴灌带埋深分别为 15cm 和 20cm 时，湿润锋在砂土中

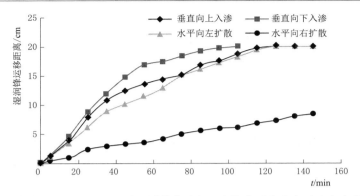

图 3.6 滴灌带埋深为 20cm 时不同灌水时间湿润锋水平方向和垂直方向的变化

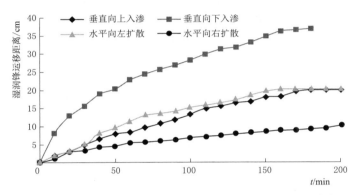

图 3.7 滴灌带埋深为 15cm 时不同灌水时间湿润锋水平方向和垂直方向的变化

水平方向和垂直方向的运动情况。与地面滴灌一样，水平方向和垂直向下方向的湿润锋速率相差很小，基本保持相同的规律。湿润锋刚到达时水分运动速率最大，随着时间的推移逐渐降低。这是由于点源供水条件下入渗开始时，湿润范围较小，土体平均含水率较高，水势梯度和非饱和导水率较大，故湿润锋推进速率较大；随着时间的推移，湿润锋的推移距离加大，湿润范围变大，土体的平均含水率逐渐降低，水势梯度和非饱和导水率减小，推移速率下降。但是在图 3.6 和图 3.7 中可以发现，在不考虑作物根系吸收作用时，垂直向上的湿润锋推移速率小于水平方向和垂直向下方向的湿润锋推移速率。这是因为垂向上的水分运动主要靠毛管上升力，而毛管上升力小于水势梯度和非饱和导水率的作用。考虑到研究区夏季地面蒸发强度大，在田间地下滴灌条件下水分向上的实际运动作用力会增加，有利于垂向上的湿润锋的发展，有利于各个方向的湿润峰推移速率趋于平衡和地下滴灌的灌水均匀性，保障作物生长需水。对比图 3.6 和图 3.7 可知，滴灌带埋深为 20cm 时，垂直向上的湿润锋与垂直向下的湿润锋推进速率相差较大，与水平方向的湿润锋运动规律相近；滴灌带埋深为 15cm 时，垂直向上的湿润锋与水平方向的湿润锋推进速率相差较小。这说明滴灌带埋深为 15cm 更有利于垂向上湿润锋的发展，更有利于灌水均匀性。

3.4　地下滴灌湿润比

湿润比指滴灌点源入渗的水平湿润锋和垂直湿润锋的比值（X/Z），图 3.8 为地下滴灌湿润比与时间的关系。从图 3.8 可以看出，地下滴灌条件下，水平方向湿润锋与向下的湿润锋的湿润比与时间的关系不密切，基本保持在 0.8 左右；水平方向湿润锋和向上的湿润锋的湿润比随时间的增加而逐渐减小。这是由于随着水平方向湿润范围的增加，土体平均含水率降低，水平方向的水势梯度下降，湿润锋推移速率下降。说明在非充分灌溉条件下，随着灌水量增加水平方向的湿润锋发展速率增加，但是在砂土中总的趋势是水平方向和垂向的湿润锋趋于平衡。

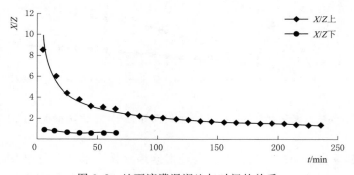

图 3.8　地下滴灌湿润比与时间的关系

采用幂函数的形式 $X/Z = At^B$ 来拟合砂土中湿润比和灌水时间之间的关系，得到 $X/Z = 22.69t^{-0.5203}$，$R^2 = 0.9671$。

3.5　小结

通过试验可知，在砂土中地下滴灌条件下的点源入渗不同于地面滴灌的全方位的入渗，在入渗过程中垂直向上的湿润锋的推移速率以及推移距离和湿润点的含水率的变化过程是进行田间地下滴灌的重要参数。本试验主要得到以下结论：

（1）在砂土中滴头流量为 2.0L/h，当滴灌带埋深为 20cm 时，垂直向上的含水率变化与其他方向的含水率变化相差较大，土体5cm处的土壤含水率达到田间持水率时，其他各点含水率已经超过饱和含水率；当滴灌带埋深为15cm时，土体5cm处的土壤含水率达到作物需水时，其他各点基本刚达到饱和含水率，有利于节水。因此在田间试验时作物苗期根系较小时可以将滴灌带埋深设为10～15cm，但是由于第二年后紫花苜蓿的根系主要集中在10～30cm，根据土壤入渗规律可知此时滴灌带埋深为15～20cm更有利于根系充分利用水分，为了保证紫花苜蓿出苗率和成活率，可以在其苗期采用地面滴灌和地下滴灌相结合的措施。

（2）在砂土中地下滴灌湿润锋水平方向和垂直向下方向的运动情况和地面滴灌一样，湿润锋速率相差很小，基本保持相同的规律，垂直向上的湿润锋推移速率较小。但是考虑到实际应用中有植物根系的吸收作用以及地面蒸发作用，会增加水分向上的运移速率，不会影响作物生长。

（3）地下滴灌条件下，水平方向的湿润锋与垂直向下的湿润锋的湿润比与时间的关系不密切，基本保持在0.8左右；而水平方向的湿润锋和垂直向上的湿润锋的湿润比随时间的增加而逐渐减小，且满足 $X/Z = 22.69t^{-0.5203}$，$R^2 = 0.9671$，所以湿润比可以作为滴灌灌水参数指标。由于作物种植的间距和作物根系深度之比基本小于1.0，因此在田间实际灌溉中湿润锋水平和垂直方向比例可以控制在0.8左右。

第4章　多年生牧草地下滴灌技术参数研究

4.1　滴灌带埋设深度对多年生牧草的影响

4.1.1　对紫花苜蓿根系的影响

试验中滴灌带埋设深度（埋深）设置10cm、20cm和30cm三个水平，滴灌带埋深对紫花苜蓿根系的影响详见表4.1。从表4.1可知，滴灌带埋深对紫花苜蓿根系的根尖数、侧根数影响显著，埋深为20cm时的根系的主根长度、侧根数多于埋深为10cm和30cm。这是由于滴灌带附近水分充足根系生长旺盛，但是当滴灌带埋深过大时，反而会抑制主根长度、侧根数量，这大概是由于根系的吸水位置多为10～20cm的表层根系的缘故。试验中可以发现，滴灌带埋深对主根的影响并不明显，主要影响侧根的分布。试验结果与夏玉慧[106]在滴灌带埋深对根重密度影响的研究结果相一致。取根过程中发现侧根主要分布在10～30cm处，因此滴灌带埋深设置在20cm左右，这样更利于水肥有效地运输到根部，保证水肥能被根系高效吸收。

表 4.1　　　　　　　　　　滴灌带埋深对紫花苜蓿根系的影响

根　系　指　标	滴　灌　带　埋　深		
	10cm	20cm	30cm
比表面积/cm²	190.115	201.088	195.361
根尖数/个	443.5	324.5	386.5
根茎直径/cm	0.975	0.941	0.953
分枝数/条	6	6	6
主根直径/cm	0.832	1.017	0.914
主根长度/cm	24.5	29.0	28.7
侧根直径/cm	0.248	0.262	0.253
侧根数/个	4.5	7.5	7.1
侧根位置/cm	4.2	5.5	5.2
根系生物量/g	25.38	29.315	28.617

4.1.2 对紫花苜蓿植株高度的影响

在试验实施的过程中，对三茬紫花苜蓿每个生育期、不同滴灌带埋深的植株高度（株高）进行了观测，每个处理观测 9 株，最后取其均值作为整个试验处理的株高。图 4.1～图 4.3 为第二茬紫花苜蓿在灌水定额分别为 15.0mm（10m³/亩）、22.5mm（15m³/亩）和 30.0mm（20m³/亩）处理下滴灌带不同埋深对株高的影响。

从图 4.1～图 4.3 中可以看出，一定灌水定额下滴灌带不同埋深对株高的影响总体趋势一致。滴灌带埋深为 20cm 时的株高最高，其次是滴灌带埋深为 30cm，滴灌带埋深为 10cm 时的株高最小。如图 4.2 所示，在灌水定额为 22.5mm（15m³/亩）处理下滴灌带埋深为 20cm 时第二茬紫花苜蓿刈割时株高为 63.48cm，比滴灌带埋深为 30cm 和 10cm 时第二茬紫花苜蓿刈割时株高（62.06cm 和 61.39cm）分别高出 2.29% 和 3.40%。这是由于滴灌带埋深为 10cm 时，距离表层土壤很近，灌水很容易蒸发；滴灌带埋深为 30cm 时，由于试验区为砂土，苜蓿的主要根系在 10～30cm，灌水不能充分被根系吸

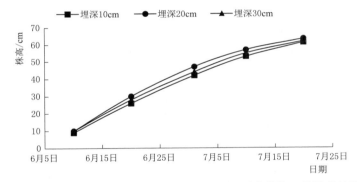

图 4.1 灌水定额 15.0mm 处理滴灌带不同埋深对苜蓿第二茬株高的影响

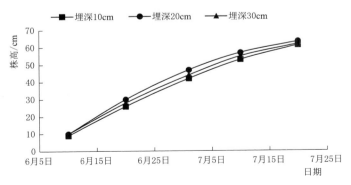

图 4.2 灌水定额 22.5mm 处理滴灌带不同埋深对苜蓿第二茬株高的影响

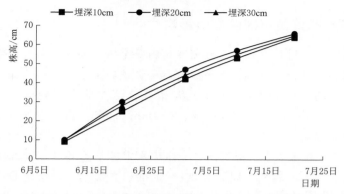

图 4.3　灌水定额 30.0mm 处理滴灌带不同埋深对苜蓿第二茬株高的影响

收利用，容易造成深层渗漏。建议采用的滴灌带埋深为 20cm，此时水分既不易蒸发，也能被根系充分吸收利用。一定灌水定额处理下滴灌带不同埋深对苜蓿第一、第三茬有相似的影响。

表 4.2 为滴灌带埋深对三茬紫花苜蓿株高影响的显著性差异分析结果。从表 4.2 可知，滴灌带埋深为 20cm 时紫花苜蓿株高最高，滴灌带埋深为 30cm 的株高次之，滴灌带埋深为 10cm 的株高最小。第一茬紫花苜蓿埋深为 20cm 的株高与埋深为 30cm 的株高在 $p < 0.01$ 时不显著，在 $p < 0.05$ 时显著；埋深为 20cm 的株高与埋深为 10cm 的株高在 $p < 0.01$ 时显著。第二茬紫花苜蓿埋深为 20cm 的株高与埋深为 30cm 的株高在 $p < 0.01$ 时不显著，埋深为 20cm 的株高与埋深为 10cm 的株高在 $p < 0.01$ 时显著；埋深对株高的影响在 $p < 0.05$ 时显著。第三茬紫花苜蓿埋深对株高的影响在 $p < 0.01$ 时不显著，埋深为 20cm 的株高与埋深为 30cm 的株高在 $p < 0.05$ 时不显著，埋深为 20cm 的株高与埋深为 10cm 的株高在 $p < 0.05$ 时显著。综上所述，建议紫花苜蓿的最佳滴灌带埋深为 20cm。

表 4.2　　滴灌带埋深对三茬紫花苜蓿株高影响的显著性差异分析结果　　单位：cm

处理	第一茬	第二茬	第三茬
埋深 10cm	50.08Bb	58.15Bc	51.47Ab
埋深 20cm	52.28Aa	59.92Aa	53.48Aa
埋深 30cm	50.59ABb	58.99ABb	52.41Aab

注　同列大写字母表示变量之间在 $p < 0.01$ 水平差异显著，小写字母表示变量之间在 $p < 0.05$ 水平差异显著，下同。

4.1.3　对紫花苜蓿干草产量的影响

滴灌带埋深对作物生态性状和生理活动的影响最终反映在产量上。在作物生长发育的不同时期进行不同滴灌带埋深的水分处理，会直接影响到作物的生育、生理指标，最终影响作物产量。图 4.4～图 4.6 为一定灌水定额情况下不

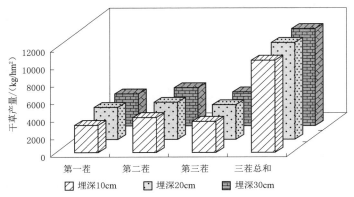

图 4.4   灌水定额 15.0mm 处理滴灌带埋深对紫花苜蓿干草产量的影响

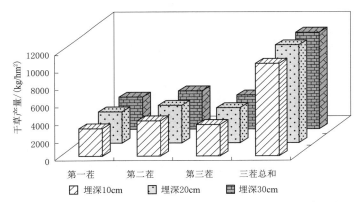

图 4.5   灌水定额 22.5mm 处理滴灌带埋深对紫花苜蓿干草产量的影响

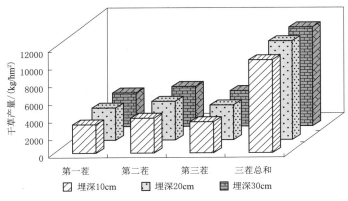

图 4.6   灌水定额 30.0mm 处理滴灌带埋深对紫花苜蓿干草产量的影响

同滴灌带埋深对紫花苜蓿干草产量的影响。由图可知，在相同的灌水定额处理下，滴灌带埋深为20cm的紫花苜蓿的干草产量最大，滴灌带埋深为10cm的紫花苜蓿的干草产量最小。就灌水定额为22.5mm（15m³/亩）处理进行分析，滴灌带埋深为20cm的紫花苜蓿干草产量最大，为10777.5kg/hm²，滴灌带埋深为10cm的产量最小，为10369.5kg/hm²，较滴灌带埋深为20cm降低了408.0kg/hm²，产量降低3.79%，可见产量降低不大，说明滴灌带埋深对紫花苜蓿的产量影响不大；第二茬紫花苜蓿各处理的产量比第三茬的高，第一茬各处理的产量最低，主要是第一茬苜蓿生长时期温度较低，生长期短的缘故。灌水定额为15.0mm（10m³/亩）和30.0mm（20m³/亩）的处理与此有相似的结果。

表4.3是滴灌带埋深对三茬紫花苜蓿干草产量影响的显著性差异分析结果。从表4.3可知，滴灌带埋深对第一茬紫花苜蓿干草产量的影响在$p < 0.01$水平差异不显著，滴灌带埋深20cm与埋深10cm对紫花苜蓿干草产量的影响在$p < 0.05$水平下差异显著；滴灌带埋深对第二茬紫花苜蓿干草产量的影响在$p < 0.01$水平下差异显著；滴灌带埋深对第三茬紫花苜蓿干草产量的影响在$p < 0.01$水平下差异不显著，埋深20cm与埋深30cm对紫花苜蓿干草产量的影响在$p < 0.05$水平下差异不显著，但埋深20cm、埋深30cm对干草产量的影响与埋深10cm对干草产量的影响在$p < 0.05$水平下差异均显著。对三茬紫花苜蓿的总产量来说，滴灌带埋深20cm与埋深30cm对产量影响在$p < 0.01$水平下差异不显著，但滴灌带埋深20cm、埋深30cm与埋深10cm对产量影响在$p < 0.01$水平下差异均显著，而滴灌带埋深对总产量影响在$p < 0.05$水平下差异均显著。据此，建议紫花苜蓿的最佳滴灌带埋深为20cm，这有利于增加紫花苜蓿的干草产量。

表4.3　滴灌带埋深对三茬紫花苜蓿干草产量影响的显著性差异分析结果

单位：kg/hm²

处理	第一茬	第二茬	第三茬	总产量
埋深10cm	2990.5Ab	3566.0Cc	3109.5Ac	9666.0Cc
埋深20cm	3128.0Aa	3688.5Aa	3202.5Aa	10019.0Aa
埋深30cm	3065.0Aab	3640.0Bb	3181.0Aab	9886.0ABb

4.2　滴灌带滴头流量对多年生牧草的影响

4.2.1　对紫花苜蓿根系的影响

试验中滴灌带滴头流量设置1.38L/h、2.0L/h、3.0L/h三个水平，分别挖取不同处理的紫花苜蓿根系进行测定。相同灌水定额条件下，不同滴头流量对紫花苜蓿根系的影响详见表4.4。从表4.4可知，滴头流量为2.0L/h的紫花苜蓿主根直径、侧根直径更粗，侧根更多，根系更发育。滴头流量为1.38L/h、2.0L/h的分枝数高于滴头流量为3.0L/h的分枝数，滴头流量为2.0L/h以下时紫花苜蓿的地上部分更发育，更有利于苜蓿的增产增收。因此紫花苜蓿地下滴灌的滴头流量应控制在2.0L/h以下。

表 4.4   **不同滴头流量对紫花苜蓿根系的影响**

根 系 指 标	滴 头 流 量		
	1.38L/h	2.0L/h	3.0L/h
比表面积/cm²	199.048	215.379	190.115
根尖数/个	425.5	454	443.5
根茎直径/cm	0.921	1.198	0.975
分枝数/条	6	6	4
主根直径/cm	0.67	1.08	0.832
主根长度/cm	17.8	26	14.5
侧根直径/cm	0.261	0.520	0.248
侧根数/个	5	5	4.5
侧根位置/cm	4.5	4	4.2
根系生物量/g	28.6	34.49	25.38

4.2.2 对紫花苜蓿植株高度的影响

在试验监测的过程中，对三茬紫花苜蓿每个生育期、不同滴头流量处理下的紫花苜蓿的株高进行了观测，每个处理观测9株，最后取其均值作为整个试验处理的株高。采用平均值点汇的方法，将不同滴头流量处理下紫花苜蓿株高随时间的变化情况进行描绘作图，图4.7～图4.9分别是滴头流量为1.38L/h、2.0L/h和3.0L/h处理下不同滴头流量对紫花苜蓿第二茬株高的影响。

从图4.7～图4.9中可以看出，不同滴头流量下，株高都是呈现出由快到慢的生长趋势。从返青期到现蕾期株高增长较快，从现蕾期到刈割期增长速率开始变缓，紫花苜蓿由营养生长转向生殖生长。这时候作物会把同化物优先分配给生殖器官，而用在叶片和株高的同化物则会自然减少，作物生长速率下降。各处理在整个生育期平均增长速率变化相对较小，主要因为从返青到刈割期温度较低，不同的灌水定额对其增长速率影响较小，但对株高还是有一定影响，随着滴头流量的增大，株高随之增大。图4.8中，在滴灌带埋深为20cm时，滴头流量由1.38L/h增加到2.0L/h时，株高增加了25.88%；滴头流量由 2.0L/h 增加到 3.0L/h 时，株高增加了 3.72%。由此可见，滴头流量为 3.0L/h 处理下紫花苜蓿的株高较占优，但是从节水的角度出发，建议采用 2.0L/h 的滴头流量。一定滴灌带埋深下不同滴头流量处理对苜蓿第一、第三茬有相似的结果。

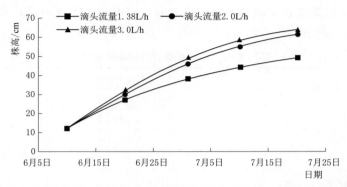

图 4.7　滴灌带埋深 10cm 不同滴头流量对苜蓿第二茬株高的影响

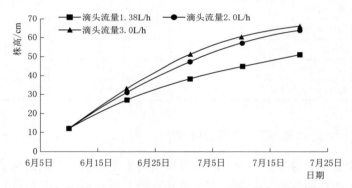

图 4.8　滴灌带埋深 20cm 不同滴头流量对苜蓿第二茬株高的影响

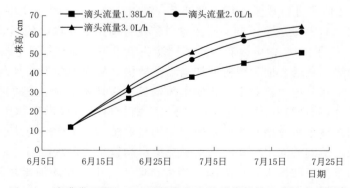

图 4.9　滴灌带埋深 30cm 不同滴头流量对苜蓿第二茬株高的影响

利用 IBM SPSS Statistics 22.0 对滴头流量对三茬紫花苜蓿株高的影响进行显著性差异分析，见表 4.5。由表可知，三茬紫花苜蓿株高都是随着滴头流量的增加而增大。滴头流量为 3.0L/h 时紫花苜蓿的株高最大，滴头流量为 1.38L/h 时紫花苜蓿的株高最小。从表中数据可知，滴头流量为 3.0L/h 与滴头流量为 2.0L/h 的株高相差不大，因此紫花苜蓿地下滴灌的适宜滴头流量为 2.0L/h。

表 4.5　　　滴头流量对三茬紫花苜蓿株高影响的显著性差异分析　　　单位：cm

处　理	第一茬	第二茬	第三茬
滴头流量 3.0L/h	55.99Aa	64.79Aa	58.44Aa
滴头流量 2.0L/h	52.62Bb	62.31Bb	55.05Bb
滴头流量 1.38L/h	44.34Cc	49.96Cc	43.87Cc

4.2.3　对紫花苜蓿干草产量的影响

不同滴头流量对作物的影响最终反映在产量上，紫花苜蓿地下滴灌试验最终的目标也是在用水最少的情况下实现苜蓿干草产量的最大化。作物生长发育的不同时期采用不同滴头流量的处理，会直接影响到作物的生育、生理指标，最终影响作物产量。

图 4.10～图 4.12 是滴灌带不同埋深情况下不同滴头流量对紫花苜蓿干草产量的影响。从图中可以看出，随着滴头流量的增大，苜蓿干草产量也逐渐增加。现以滴灌带埋深为 20cm 不同滴头流量对紫花苜蓿干草产量的影响为例进行分析。随着滴头流量的增加，第一茬紫花苜蓿干草产量分别增加 30.49％ 和 8.90％；第二茬紫花苜蓿干草产量分别增加 31.91％ 和 4.37％；第三茬紫花苜蓿干草产量分别增加 46.46％ 和 3.01％。滴灌带滴头流量为 1.38L/h、2.0L/h 和 3.0L/h 处理下紫花苜蓿总产量分别为 7930.5kg/hm²、10777.5kg/hm² 和 11349.0kg/hm²，随着滴头流量的增加，紫花苜蓿干草产量分别增加 35.90％ 和 5.30％。第二茬紫花苜蓿的干草产量最高，主要是第二茬时期气温高，土地积温大的缘故。第一茬和第三茬的干草产量相差不大。由于滴头流量为 3.0L/h 的紫花苜蓿干草产量仅比滴头流量为 2.0L/h 高 5.30％，从节水的角度，建议滴头流量采用 2.0L/h。滴灌带埋深为 10cm 和 30cm 情况下不同滴灌带滴头流量对紫花苜蓿干草产量的影响有相似的结果。

表 4.6 是滴头流量对三茬紫花苜蓿干草产量影响的显著性差异分析。从表 4.6 可知，三茬紫花苜蓿干草产量都是随着滴头流量的增加而增大。滴头流量为 3.0L/h 时紫花苜蓿的干草产量最大，滴头流量为 1.38L/h 时紫花苜蓿的干草产量最小，两者相差 44.69％。仅从增产角度，建议紫花苜蓿地下滴灌采用

的滴灌带滴头流量为 3.0L/h，从节水的角度出发，建议紫花苜蓿地下滴灌采用的滴灌带滴头流量为 2.0L/h。

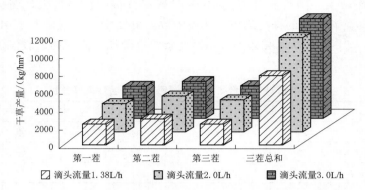

图 4.10　滴灌带埋深 10cm 不同滴头流量对紫花苜蓿干草产量的影响

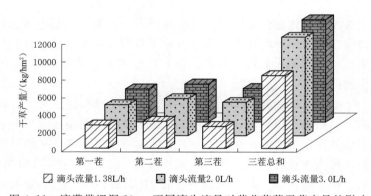

图 4.11　滴灌带埋深 20cm 不同滴头流量对紫花苜蓿干草产量的影响

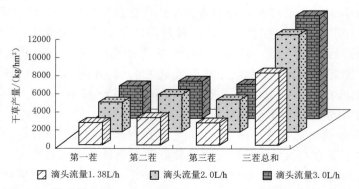

图 4.12　滴灌带埋深 30cm 不同滴头流量对紫花苜蓿干草产量的影响

表 4.6　　　　滴头流量对三茬紫花苜蓿干草产量影响的
显著性差异分析　　　　　　　单位：kg/hm²

处　理	第一茬	第二茬	第三茬	总产量
滴头流量 3.0L/h	3551.0Aa	4056.5Aa	3619.0Aa	11226.5Aa
滴头流量 2.0L/h	3205.0Bb	3893.0Bb	3487.5Bb	10585.5Bb
滴头流量 1.38L/h	2427.5Cc	2945.0Cc	2386.5Cc	7759.0Cc

4.3　地下滴灌技术参数对滴灌带滴头堵塞率的影响

4.3.1　滴灌带滴头堵塞总体情况

滴灌带滴头的堵塞程度用流量降低百分数来评价，公式如下：

$$R = \frac{q_n - q}{q_n} \times 100\% \qquad (4.1)$$

式中：R 为滴头流量降低百分数，%；q 为地下滴灌田间使用后的灌水器流量；q_n 为新灌水器流量。

国内外目前还没有关于滴灌带滴头堵塞的标准，本书参照 ISO/TC23/SC18 *Clogging testmethods for emitters*[42]建议当滴头实际出流小于新滴灌带滴头流量的 75% 时，视为发生堵塞。各个试验发生堵塞与完全堵塞的滴头情况详见表 4.7。图 4.13 为试验小区滴灌带滴头流量小于同批次生产的新的滴头流量的个数占试验滴头总数的比例的变化情况。使用两年后，滴头流量与新滴灌带滴头流量相比减少高于 10%（10%<R≤100%）的滴头占 7%，高于 20%（20%<R≤100%）的滴头占 4%，发生堵塞的滴头占 3.6%，完全堵塞的占 1.9%。因此认为使用两年的滴灌带的堵塞程度较轻。

表 4.7　　　试验小区的施肥次数、施肥量和发生堵塞灌水器个数

处理	埋深 /cm	滴头流量 /（L/h）	施肥次数/次		施肥量/（kg/亩）		发生堵塞的 个数/个	完全堵塞的 个数/个
			2018 年	2019 年	2018 年	2019 年		
1	10	1.38	0	0	0	6.50	1	0
2	10	1.38	0	9	0	3.50	0	0
3	10	1.38	0	0	0	0.00	0	0
4	10	2.00	0	9	0	6.50	1	1
5	10	2.00	0	9	0	3.50	0	0
6	10	2.00	0	0	0	0.00	0	0
7	10	3.00	0	9	0	6.50	2	0

续表

处理	埋深 /cm	滴头流量 /（L/h）	施肥次数/次		施肥量/（kg/亩）		发生堵塞的 个数/个	完全堵塞的 个数/个
			2018 年	2019 年	2018 年	2019 年		
8	10	3.00	0	9	0	3.50	1	1
9	10	3.00	0	0	0	0.00	1	0
10	15	1.38	0	9	0	6.50	0	0
11	15	1.38	0	9	0	3.50	1	1
12	15	1.38	0	0	0	0.00	0	0
13	15	2.00	0	9	0	6.50	1	0
14	15	2.00	0	9	0	3.50	0	0
15	15	2.00	0	0	0	0.00	0	0
16	15	3.00	0	9	0	6.50	2	1
17	15	3.00	0	9	0	3.50	2	1
18	15	3.00	0	0	0	0.00	1	0
所占比例/%							3.6	1.9

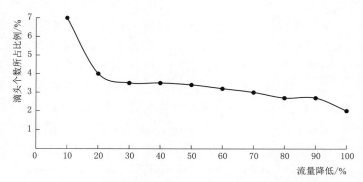

图 4.13　滴头流量降低个数占滴头总数的比例的变化情况

4.3.2　滴灌带堵塞滴头在系统中的分布

　　分析滴灌带发生堵塞的滴头在系统中的分布是为了分析滴灌带滴头发生堵塞的原因，从而采取相应的防止措施。从表 4.7 可以发现，不同处理的小区滴灌带滴头发生堵塞和完全堵塞的数量之间没有明显区别。图 4.14 给出了按相同滴灌带埋深、不同滴头设计流量选择的 3 个典型小区的滴头流量降低百分数沿着滴灌带的变化情况（滴头自滴灌带入口处开始编号）。从图 4.14 中可以看出，滴头流量降低百分数随着距滴灌带入口处距离的增加呈增大的趋势，完全堵塞的滴头均分布在滴灌带的末端，其他 4 个出现滴头完全堵塞的小区，完全堵塞的滴头都分布在滴灌带的末端。这是因为随着距离的增加，水头沿程损失增加，管道内的水压减少，流速放缓，在滴灌带末端流速减少为 0，使得水流中的细沙等固体颗粒在滴灌带末端沉积。另外，系统运行两年的过程中未对系统管道进行冲洗，也增加了滴灌带滴头堵塞的可能。在滴灌带的首端和中部由于在供水过程中受压不均匀个别滴头的流量增大，但所占比例很小。

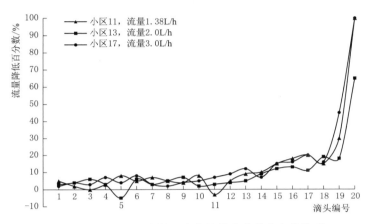

图 4.14　滴头流量降低百分数沿着滴灌带的变化情况

4.3.3　滴头流量及施肥因素对滴灌带堵塞率的影响

图 4.15 为滴灌带滴头流量降低百分数与滴灌系统运行两年来的累积施肥次数和施肥量的关系。从图 4.15 中可以发现，随着施肥量和施肥次数的增加，滴灌带滴头流量没有明显的提高或降低。这说明试验中所用的肥料能完全溶于水。对整个滴灌系统，试验区水中虽然含沙量高，但是经过两级沉沙后，水中的含沙量大大降低，从而保证了滴灌系统的正常稳定。

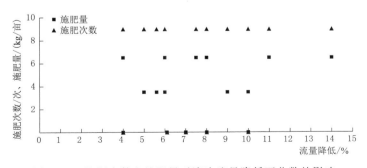

图 4.15　施肥次数和施肥量对滴头流量降低百分数的影响

　　图 4.16 为实际滴头流量降低百分数随滴灌带设计滴头流量的变化情况。从图 4.16 可知，设计滴头流量为 1.38L/h 的滴灌带的实际滴头流量降低百分数最低，平均为 4.12％，设计滴头流量为 2.0L/h 的实际滴头流量降低百分数平均值为 6.08％，设计滴头流量为 3.0L/h 的实际滴头流量降低百分数平均值为 10.33％。由于供水设备停止运行时，滴灌带内压力骤减，在滴灌带内外压力较大时，外部土壤的细微颗粒更容易在滴头流量大的滴头进入滴灌带，这可能是设计滴头流量为 3.0L/h 的滴灌带实际滴头流量降低百分数高于另外两个的原因。

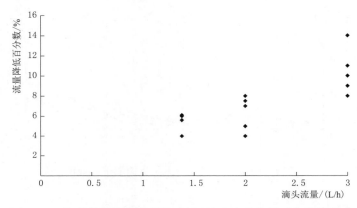

图 4.16　滴灌带设计滴头流量对实际滴头流量降低百分数的影响

　　为了深入了解滴头堵塞的原因，挑选堵塞严重的滴灌带将其剖开，发现贴片式滴灌带的滴头堵塞多为泥沙在滴头流道进口附近沉积造成，在滴头附近未发现根系入侵，这与李久生等[24]对运行两年的地下滴灌系统灌水器堵塞情况研究结论和仵峰等[21]对运行 8 年的地下滴灌灌水器调查后结果相同。但与于颖多等[107]在同一土壤上对冬小麦地下滴灌灌水器堵塞情况的研究结果不同，该研究指出，生育期结束时，发生根系入侵的灌水器比例高达 16％。结果不同的主要原因为紫花苜蓿根系特征与小麦的根系特征不同，紫花苜蓿的须根相对较少，减低了根系入侵的可能性。另一个原因是灌水频率为 4～5d 在滴头附近能保持较高的土壤含水率，也防止了根系的入侵。

4.3.4　滴灌带埋深对滴头堵塞率的影响

　　从表 4.7 中可以看出，当滴头流量和施肥量相同的情况下，滴灌带埋深 15cm 的滴灌带发生堵塞数比滴灌带埋深 10cm 的高 20％，但从完全堵塞的滴头流量个数来看两个埋深基本相同。滴灌带埋深 10cm、15cm 的滴灌带平均流量降低百分数分别为 7.13％、6.56％。综合滴头堵塞发生数和流量降低百分数来看，滴灌带埋深对滴头流量的影响并不明显。滴灌带埋深对滴头堵塞最大的影响就是在滴灌带内压力减小时土壤对滴灌带的压力。虽然随着滴灌带埋深的增加滴灌带承受的压力在增加，但是滴灌带埋深 10cm 时的土壤压力已经远远超过了滴灌带内部水压，所以滴灌带埋深 15cm 和 10cm 对滴灌带滴头堵塞的影响并不明显。

4.4　小结

（1）滴灌带埋深 20cm 对紫花苜蓿株高和干草产量的影响与埋深 30cm 差异不显著（$p<0.01$），滴灌带埋深 20cm 对紫花苜蓿株高和干草产量的影响与埋深 10cm 差异显著（$p<0.05$）。滴灌带埋深为 20cm 时，紫花苜蓿的株高和干草产量最大，埋深为 10cm 时紫花苜蓿的株高和干草产量最小。株高最大为 65.84cm，干草产量最大为 11349.0kg/hm^2。研究区地下滴灌紫花苜蓿滴灌带埋深推荐采用 20cm。

（2）随着滴头流量的增加，紫花苜蓿的株高和干草产量随之增大，紫花苜蓿的株高为 43.87～64.79cm，干草产量为 7759.0～11226.5kg/hm^2。仅从增产角度，建议紫花苜蓿地下滴灌采用的滴灌带滴头流量为 3.0L/h，但从节水的角度出发，建议紫花苜蓿地下滴灌采用的滴灌带滴头流量为 2.0L/h。

（3）使用两年后，发生堵塞的滴头占 3.6％，完全堵塞的占 1.9％。因此认为使用两年的滴灌带堵塞程度较轻。发生完全堵塞的滴头多数分布在滴灌带的末端，系统运行两年过程中未对系统管道进行冲洗，也增加了滴灌带滴头堵塞的可能；试验中发现滴灌带埋深对滴灌带滴头流量影响不明显，试验中施肥次数、施肥量对滴灌带堵塞情况影响不是很明显；随着滴灌带设计滴头流量的增加，滴灌带滴头实际流量降低百分数在增加。设计滴头流量为 3.0L/h 的滴头实际流量降低百分数为 10.33％，是设计滴头流量为 1.38L/h 的滴头实际流量降低百分数的 3 倍。

第 5 章　冬灌紫花苜蓿水分摄取策略研究

低温对牧草越冬期造成的冻害和春季干旱造成的牧草缺水是导致牧草低产的关键因素[108]，冬季良好的水分状况对于牧草的生长发育具有促进作用[109]。土壤含水量高，地表温度变化比较平稳，遇到突然的升温降温，土壤冻融不十分剧烈，苜蓿受冻轻，返青率高[110]。

我国北方地区，冬季严寒，干燥多风，会使一些作物在冬季至早春遭受冻旱，轻则部分枝叶受害，重则全株死亡。当年秋冬季的环境胁迫（包括冷害、寒害、干燥等）和来年春季返青的环境胁迫（包括干旱、气温剧变造成的冷害等）是苜蓿越冬死亡的生境因素[111]。在冬季土壤易冻结的地区，于土地封冻前灌足一次水被称为"灌冻水"，这样到了封冻以后，作物根系周围就会形成冻土层，以维持根部温度相对稳定，不会因外界温度骤然变化而使植物受害。早春土地开始解冻后及时灌水，保持土壤湿润可以降低土温，延迟发芽萌动与返青，避免晚霜危害[112]，也可满足整个越冬期作物需水要求，保证作物返青期的土壤墒情[113]。

冬灌无疑改善了苜蓿越冬期的环境条件，而苜蓿作为一种生命体，它自身的水分利用特点和水分摄取策略也是冬灌机制研究以及冬灌实际效果的重要内容，同时苜蓿的抗性生理也会发生较大变化。本书从冬灌后苜蓿水分摄取策略，对冬灌苜蓿抗寒机制进行深入研究，以期明确冬灌模式有异性内在原因，为饲草地高效用水和节水提供优化方案，为促进灌溉牧草优质高产、人工饲草地健康可持续发展提供理论基础和技术支撑，研究成果对节水灌溉饲草地建设管理具有重要的现实价值和科学意义。

5.1　水稳定同位素线性关系

分别测定紫花苜蓿根茎水、不同深度土壤水、降水和灌溉水的氢氧稳定同位素含量，将不同水样中氢、氧稳定同位素 δD、$\delta^{18}O$ 测定值分别作为纵、横坐标进行绘图，可以得到二者的线性关系，如图 5.1 所示。

从图 5.1 可以看出，不同水样中 δD 和 $\delta^{18}O$ 呈线性关系。在天然降水中，δD 和 $\delta^{18}O$ 之间的线性关系（$\delta D = 7.21\delta^{18}O + 9.14$）接近于全球大气降水线（$\delta D = 8\delta^{18}O + 10$）。根系层土壤水的 δD 和 $\delta^{18}O$ 平均值分别为 $-11.00‰$、

—92.37‰，土壤水分氢、氧同位素值变化较大的原因在于土壤蒸发造成的富集作用及以灌溉水为主的淋洗效果。灌溉水的 δD 和 δ^{18}O 值的范围分别为 —13.56‰～—6.68‰、—106.57‰～—62.02‰。苜蓿茎水的分布范围介于其他三种水分的测定值区间内。

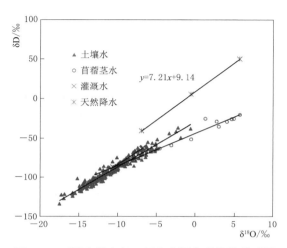

图 5.1　不同水样中氢、氧稳定同位素线性关系图

由于氢、氧同位素在所有水样中和人工草地水循环的分馏过程均具有显著的线性相关性，δD 和 δ^{18}O 值在各种水样的分布表现出良好的统一性。

5.2　封冻灌溉后根系层水稳定同位素剖面分布

理论认为，作物根系吸水过程中不发生稳定同位素的分馏，因此如果紫花苜蓿水分与根区某一土层的氢稳定同位素接近，就说明紫花苜蓿吸水的主要来源为该土层。植物根系从土壤中吸收水分并运输到木质部的过程不发生氢氧同位素分馏，以及自然界不同水源的氢氧同位素组成存在广泛差异，为利用稳定氢氧同位素技术从水源混合体中区分出各水源的贡献率提供了前提条件。利用稳定氢氧同位素确定植物水分来源的基本原理为以植物木质部水分的氢氧同位素比率为基准，寻找与其氢氧同位素比率相近的土壤水所处层位，该层位即为植物的主要吸水层位。各潜在水源补给土壤水后，若没有发生明显的氢氧同位素分馏，潜在水源混合体的氢氧同位素比率便等同于其所补给的对应土壤层位土壤水的氢氧同位素比率。

图 5.2 反映了封冻灌溉后土壤水、紫花苜蓿茎水、灌溉水 δD 在紫花苜蓿根系层内的剖面分布及其变化情况。灌溉后，土壤水的 δD 变化显著，封冻灌

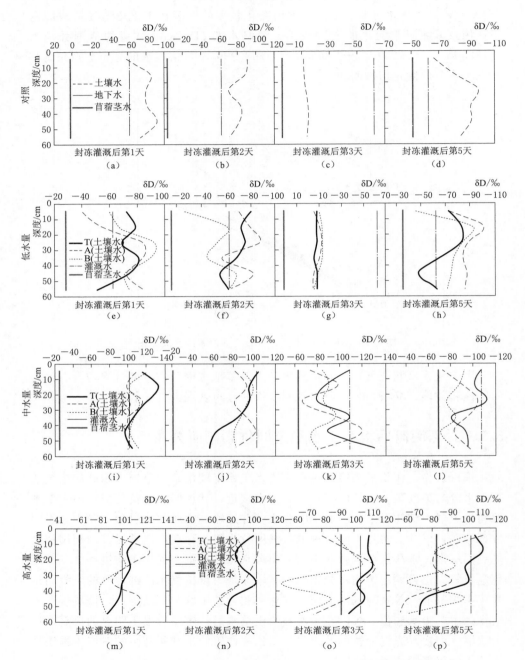

图 5.2　封冻灌溉后紫花苜蓿根系层剖面氢稳定同位素的动态变化

注：图中位置 T 为滴灌带铺设条带；位置 A 为紫花苜蓿种植带；位置 B 为紫花苜蓿行间空地。

低、中、高水量三个水平的封冻灌溉定额分别为 6mm、23mm、40mm。

溉后这段时间白天温度高于 0℃，夜晚温度低于 0℃，土壤水随着温度的变化呈现出反复冻融的现象。图 5.2 显示，在灌溉后第 3 天滴灌带铺设条带（T）、苜蓿种植行（A）、苜蓿行间空地（B）三个位置土壤水的 δD 剖面分布趋于一致[图 5.2(g)、(k)、(o)]，说明封冻灌溉后伴随土壤冻融现象土壤水经历了复杂的分配过程，灌溉后第 3 天滴灌水才较均匀地湿润和分布于作物根系层。紫花苜蓿茎水中的 δD 与土壤水在剖面上的交汇处被认为是紫花苜蓿从该深度土层中吸收水分。在 3 种灌溉处理下，除高水量封冻灌溉后第 5 天外[图 5.2(p)]，紫花苜蓿茎水与土壤水分中的 δD 均未发生交互作用，说明此时紫花苜蓿已进入冬眠期，土壤水分一定程度的增加并不能引起紫花苜蓿直接的吸收利用。在高水量封冻灌溉后第 5 天，紫花苜蓿茎水中的 δD 与土壤水有一定的交互作用，其中与位置 A 的土壤水交汇于 10cm 和 55cm 深度处，与位置 T 的土壤水交汇于 45～50cm 深度处，与 B 位置土壤水无交汇[图 5.2（p）]。说明高水量封冻灌溉后第 5 天紫花苜蓿吸收了其种植位置（A）根系层表层土壤和深层土壤的水分，深度分别为 20cm 和 55cm，同时对滴灌带铺设一侧（T）深度为45～50cm 土壤水也有吸收利用，而对另一侧苜蓿行间空地（B）的土壤水分没有利用。而中、低水量封冻灌溉条件下，灌溉只是引起了土壤水分的变化，并没有被紫花苜蓿直接吸收利用。

5.3　融冻灌溉后根系层稳定氢氧同位素剖面分布

融冻灌溉时机的选择为紫花苜蓿越冬期末期、返青期之前。此时紫花苜蓿距离上一年封冻灌溉已经历了漫长的越冬期，此时根系层土壤已十分干燥，而融冻灌溉有助于缓解紫花苜蓿返青面临的干旱胁迫，从而提高其返青率。融冻灌溉同样采用低、中、高三种灌水处理，并以天然状态作为参照，灌溉后根系层各水分 δD 的动态剖面分布如图 5.3 所示。

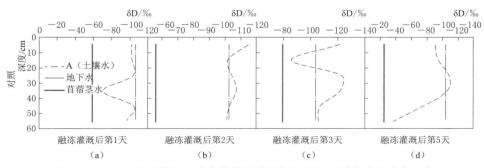

图 5.3（一）　融冻灌溉后紫花苜蓿根系层剖面氢稳定同位素的动态变化

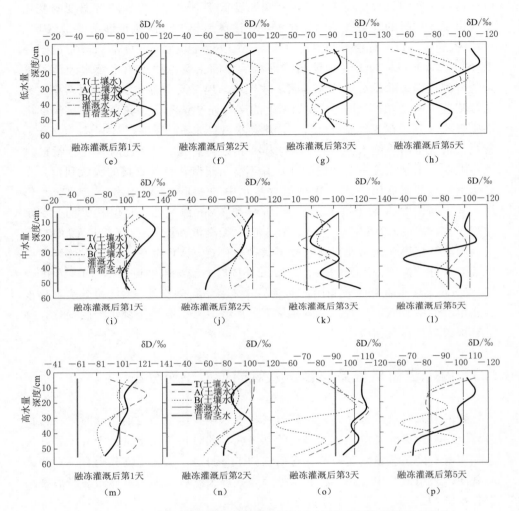

图 5.3（二）　融冻灌溉后紫花苜蓿根系层剖面氢稳定同位素的动态变化

注：图中位置 T 为滴灌带铺设条带；位置 A 为紫花苜蓿种植带；位置 B 为紫花苜蓿行间空地。

　　从图 5.3 中可以看到，融冻灌溉后，根系层各水分 δD 发生了显著的变化。不灌水处理下，观测期内紫花苜蓿茎水与土壤水的 δD 值曲线没有交汇，说明不灌水处理下，紫花苜蓿根系层没有吸收水分，推测其仍处于返青之前的休眠状态。而从融冻灌溉后第 3 天起，在低、中、高三个水量的灌溉处理下，紫花苜蓿茎水都与土壤水的 δD 值曲线发生多处交汇，反映出融冻灌溉后第 3 天起紫花苜蓿开始吸收利用土壤水。这一结果也从侧面说明，融冻灌溉有助于缓解紫花苜蓿返青期的环境胁迫，并通过促进紫花苜蓿返青，提高苜蓿成活率。

5.4　多水源线性分析（IsoSource）模型

　　稳定氢氧同位素技术应用于研究植物水分来源时具有较高的灵敏度和准确性，并且优于对植物具有破坏性的根系调查法，因而成为生态水文研究的一种常用手段，被广泛运用于干旱区生态水文研究。植物根系从土壤中吸收水分并运输到木质部的过程不发生氢氧同位素分馏，这为从水源混合体中区分出植物水分的来源提供了理论前提。生态系统中不同水源的氢氧同位素组成存在广泛差异，是从水源混合体中区分出各水源贡献率的前提条件。稳定氢氧同位素技术还可用于定量植物水分来源，以及研究植物水分来源的动态变化，如利用稳定氢氧同位素可以示踪不同群落类型中植物对各水源依赖程度的动态变化规律。

　　植物吸收土壤水的层位为连续变量，在实际定量植物水分来源时，可将土壤层概化为若干层，每一层视为植物的一个水源。植物木质部水中的同位素组成可看作是各种来源水分中同位素值的混合。因此，通过对比植物木质部中水与各潜在水源的同位素组成可以推断植物的水分来源。基于同位素质量守恒原理，Phillips 和 Gregg[114] 提出了多水源线性分析模型（IsoSource 模型）用于确定植物对各潜在水源的利用率。近年来，稳定氢氧同位素技术已逐渐应用于草地作物中。

　　多水源线性分析模型是基于同位素质量守恒原理来计算植物对各种潜在水分来源的利用比例。利用该模型的前提是同时测定各种可能水源和植物茎秆水中至少一种同位素的值。IsoSource 多水源线性分析模型是基于同位素质量平衡原理，专门用于计算多种水源时植物利用水源的贡献比例范围，其运行前提是，至少有用于测定各可能水源样品和植物木质部水分样品水稳定同位素，该模型操作界面如图 5.4 所示。在分析计算不同水分来源比例的各种模型中，IsoSource 模型解析不同潜在水分来源对植物水分贡献率的准确性高于其他模型[115]。该方法原理是按照将指定的增量范围叠加运算出所有可能的百分比组合，其组合数量为

$$N = [(100/i) + (S-1)!] / [(100/i)! (S-1)!]$$

式中：N 为组合数量；i 为增量；S 为水分来源数量。

　　每一个组合的加权平均值与混合物实际测定的同位素值进行比较，那些处于给定的容差范围内的组合被认为是可行解。在所有可行解中，对各层土壤水贡献百分比出现的频率进行分析，从而得到各土层水分对紫花苜蓿茎水的贡献比例。

　　将根区不同深度土层的土壤水分定义为不同的水源，并将其对应的平均同位素值来表示紫花苜蓿的潜在水分来源，将紫花苜蓿茎水视为多水源混合物，并以紫花苜蓿茎水平均同位素值来表示，以此确定模型的结构进行分析。

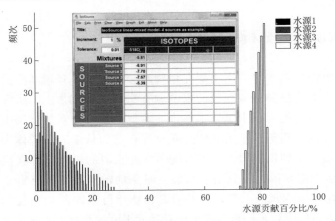

图 5.4 利用 IsoSource 多水源线性分析模型计算植物水分来源示意图

5.5 封冻灌溉后紫花苜蓿水分摄取分析

由 5.2 节分析可知，封冻灌溉后紫花苜蓿仅在高水量灌溉后第 5 天吸收土壤水分，因此仅应用 IsoSource 模型对高水量封冻灌溉后第 5 天的紫花苜蓿用水规律进行分析，分析结果如图 5.5 所示。

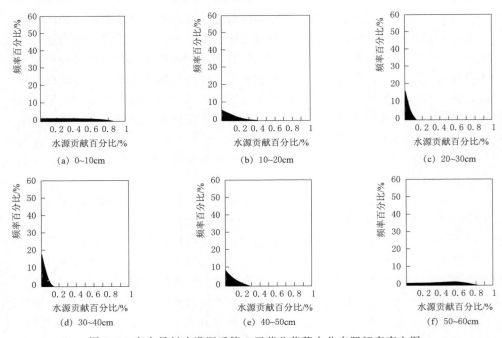

图 5.5 高水量封冻灌溉后第 5 天紫花苜蓿水分来源频率直方图

本书采用 IsoSource 模型制作的频率直方图估计紫花苜蓿吸取不同深度土层土壤水分的比例。研究表明，封冻灌溉中，仅在高水量灌溉后第 5 天，紫花苜蓿吸收了土壤水分（图 5.2），因此对这一阶段的紫花苜蓿吸水进行利用比例分析（图 5.5）。有些土层的柱状图反映出相似的分布，例如根系层表层 0～10cm 与底层 50～60cm，柱状图分布较宽，土壤水分对紫花苜蓿吸水的贡献率范围分别为 0～0.88 和 0～0.85，但是对应频率较低，最大值分别仅有 1.63% 和 1.55%。这说明即使是作为主要吸水层的 0～10cm 和 50～60cm 两个土层，紫花苜蓿吸水也十分微弱。原因在于此时紫花苜蓿已逐渐进入越冬期，作物正在向冬眠状态过渡，这一现象也符合紫花苜蓿生长发育特点。10～20cm 和 40～50cm 土层柱状图形状相似，两个土层土壤水分对紫花苜蓿吸水的贡献率范围分别为 0～0.50 和 0～0.33，频率峰值为 6.35% 和 8.98%；20～30cm 和 30～40cm 土层土壤水分对苜蓿吸水的贡献率范围均为 0～0.15，频率峰值分别为 17.97% 和 17.44%。10～50cm 范围内土层作为非主要吸水层，柱状图均未收敛，并且其频率峰值对应的贡献率均为 0，反映出封冻灌溉后紫花苜蓿极少利用这些土层的土壤水。

紫花苜蓿刈割后在进入越冬期之前进行的封冻灌溉，仅在高水量灌溉情况下，紫花苜蓿对土壤水有少量的直接吸收利用，其主要吸水层位于根系层表层 0～10cm 和底层 50～60cm 土层。在中、低水量封冻灌溉条件下，紫花苜蓿并不直接吸收利用灌溉水。紫花苜蓿越冬率随着冬灌水量的增加而提高，这是因为封冻灌溉增加了土壤水分，提高了根系层土壤热容量，有助于抑制紫花苜蓿入冬前根区温度的剧烈变化，同时封冻灌溉后土壤昼夜的反复冻融起到了疏松土壤的作用，为紫花苜蓿提供了更好的生境条件，有利于紫花苜蓿安全越冬。

5.6 融冻灌溉后紫花苜蓿水分摄取分析

同样采用 IsoSource 模型制作的频率直方图分析融冻灌溉后第 3 天和第 5 天紫花苜蓿吸取不同深度土层土壤水分的比例。图 5.6 为融冻灌溉后紫花苜蓿水分来源频率直方图，图中（a）、（d）分别为低水量融冻灌溉后第 3 天和第 5 天的紫花苜蓿水分来源概率分析；（b）、（e）分别为中水量融冻灌溉后第 3 天和第 5 天的紫花苜蓿水分来源概率分析；（c）、（f）分别为高水量融冻灌溉后第 3 天和第 5 天的紫花苜蓿水分来源概率分析。

在进行紫花苜蓿水分利用的横向分析时，只有当紫花苜蓿茎水同位素与 T、A、B 位置土壤水同位素处于同一范围时，才说明紫花苜蓿吸收和利用了相应的土壤水分，继续进行下一步的水分摄取策略定量分析才有意义。因此首先要对不同时间、不同深度土层的根系层水同位素剖面分布进行分析。本书以

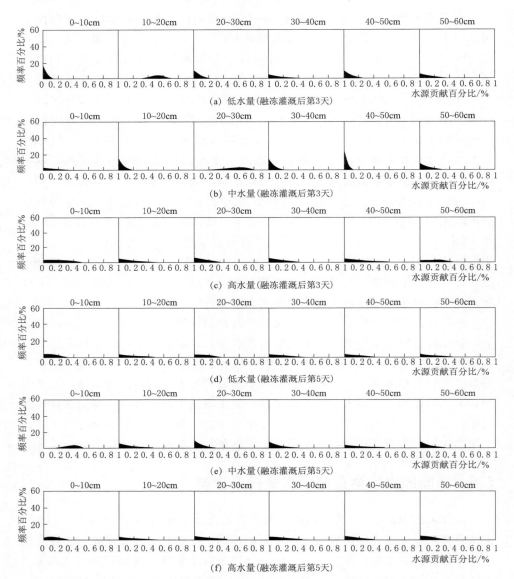

图 5.6　融冻灌溉后紫花苜蓿水分来源频率直方图

低水量融冻灌溉为例，图 5.7 为低水量融冻灌溉后土壤水、紫花苜蓿茎水中氢稳定同位素分布，图 5.8 为低水量融冻灌溉后第 3 天根系层水稳定同位素剖面分析图和融冻灌溉后紫花苜蓿水分摄取策略二维分析图。

融冻灌溉后第 3 天，低水量灌溉条件下，紫花苜蓿的主要吸水层为 10～20cm［图 5.3（g）；图 5.6（a）］，这一层土壤水分对紫花苜蓿吸水的贡献率为 20%～79%，平均值为 51.6%。中水量灌溉条件下，紫花苜蓿的吸水深度和范围都有所加大，主要吸水层深度为 20～30cm、40～50cm［图 5.3（k）］，两个土层各自的贡献率分别为 3%～85%、0～14%［图 5.6（b）］。高水量灌溉条件下，紫花苜蓿水分利用深度更广，吸水层深度为 0～10cm、30～60cm［图 5.3（o）］，贡献率直方图没有收敛［图 5.6（c）］，说明在主要吸水层内，紫花苜蓿的水分利用并无明显的选择性。融冻灌溉后第 5 天，伴随着水分的运移和扩散，紫花苜蓿吸水层逐渐增多，说明融冻灌溉促进了紫花苜蓿根系的返青萌动，且萌动范围逐渐增大，活性逐渐增强，时间尺度上融冻灌溉具有促使紫花苜蓿提前返青的效果。低、中、高水量融冻灌溉紫花苜蓿的主要吸水层分别扩展到 0～10cm 和 30～60cm［图 5.3（h）］、0～10cm 和 20～60cm［图 5.3（i）］、10～50cm［图 5.3（p）］。主要吸水层的贡献率直方图更加平缓和相似［图 5.6（d）～（f）］，并且均为发生收敛，说明在融冻灌溉后期紫花苜蓿根系层吸水范围逐渐扩大，尽管在水分利用的贡献率上有差别，但在主要吸水层中并不局限于某个深度（贡献率并没有显著差异）。

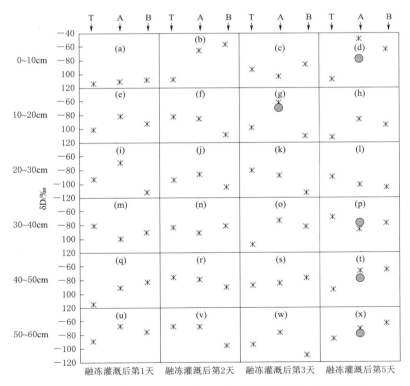

图 5.7　低水量融冻灌溉后根系层水氢稳定同位素剖面分析图

注：图中"✕"为土壤水氢稳定同位素丰度；"●"为紫花苜蓿茎水氢稳定同位素丰度。

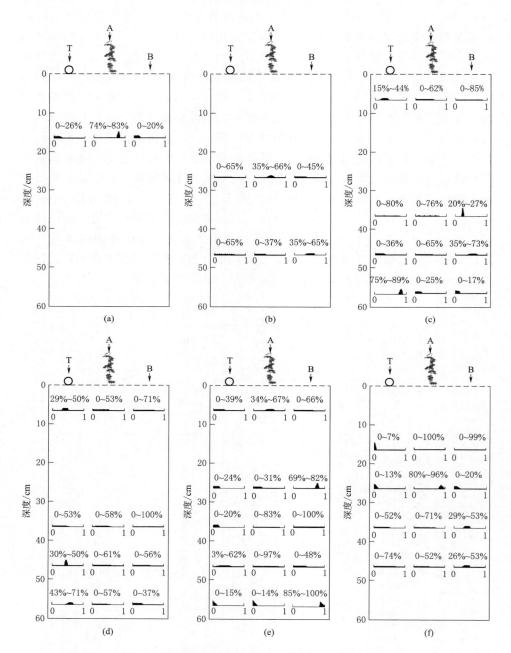

图 5.8 融冻灌溉后紫花苜蓿水分摄取策略二维分析图

注：图中（a）、（b）、（c）分别为融冻灌溉后第 3 天的紫花苜蓿水分摄取策略二维分析；

（d）、（e）、（f）分别为融冻灌溉后第 5 天的紫花苜蓿水分摄取策略二维分析。

　　根系层中土壤水和紫花苜蓿茎水中 δD 在横向和纵向都有动态分布，如果将紫花苜蓿吸收不同深度土壤水分的比例视为垂向分析，那么某一土壤层不同位置对紫花苜蓿根系吸水的贡献率就可视为横向分析。结合水平和垂直方向的土壤水分，采用 IsoSource 模型估算融冻灌溉下二维剖面中每个土层的紫花苜蓿水分吸收范围（图 5.8）。低水量灌溉后第 3 天，紫花苜蓿从 10～20cm 土层获得水分，其中位置 A 下土壤水的贡献率达到 74％～83％［图 5.8（a）］；灌溉后第 5 天，滴灌带湿润一侧的土壤水分更多地供给紫花苜蓿，其中 0～10cm、40～50cm 和 50～60cm 土层在位置 T 下对紫花苜蓿吸水的频率直方图均发生收敛，对应贡献率范围分别为 20％～50％、39％～50％和 43％～71％。说明低水量融冻灌溉条件下，湿润一侧的土壤水分被紫花苜蓿优先利用。中水量、高水量融冻灌溉后，紫花苜蓿吸水的频率直方图在多个层次、多个位置发生收敛。其中灌溉后第 3 天，中水量位置 A 下 20～30cm 土壤水贡献率为 35％～66％，位置 B 下 40～50cm 土壤水贡献率为 35％～65％。高水量位置 T 下 0～10cm 和 50～60cm 土壤水贡献率分别为 15％～44％和 75％～89％，位置 B 下 30～40cm 和 40～50cm 土壤水贡献率分别为 20％～27％和 35％～73％。灌溉后第 5 天，中水量位置 A 下 20～30cm 和位置 T 下 40～50cm 土壤水贡献率为 34％～67％和 3％～62％，位置 B 下 20～30cm 和 50～60cm 土壤水贡献率为 69％～82％和 85％～100％。高水量位置 A 下 20～30cm 土壤水贡献率为 80％～96％，位置 B 下 30～40cm 和 40～50cm 土壤水贡献率分别为 29％～53％和 26％～53％。

　　研究表明，融冻灌溉后，随着水分的扩散和时间的推移，紫花苜蓿吸水土层逐渐增多，根系活力逐渐增强，融冻灌溉促进紫花苜蓿提前返青。低水量灌溉条件下，紫花苜蓿更倾向于利用湿润侧土壤水，中、高水量灌溉条件下，紫花苜蓿在横向不同位置对土壤水分均有利用，反映出地下滴灌作为一种高效节水灌溉措施，将滴灌水逐渐渗透和湿润根系层不用位置土壤，可提高水分的有效性和利用率。

5.7　地下滴灌紫花苜蓿根层水分稳定同位素特征分析

5.7.1　样品采集

　　紫花苜蓿第二茬分枝期，灌溉前、后 1 天在距离相邻两条滴灌带相同距离的中间线等间距选取 3 个采样点，土钻取样，取样深度为根层深度（0～60cm），采样层数为 6 层（0～5cm、5～10cm、10～20cm、20～30cm、30～40cm、40～60cm），每层土样同时采样两份，1 份装入铝盒采用烘干法测定土壤含水量，另 1 份土样装入采样玻璃瓶后，用封口膜密封冷藏保存以防止汽化。为避免植物蒸腾引发的同位素分馏作用，在晴天 11：00—13：00 采样，选取健康成熟的紫花苜蓿植株作为采集对象，剪取距地表 5cm 深度不含叶绿素的植株根茎，快速装入 4mL 螺纹玻璃样品瓶中，拧紧瓶盖后冷藏保存。直接用样品瓶采集灌溉水样，密封后立即存放于 4℃冷藏柜保存。

野外采样完毕后，利用保温箱带回实验室后用真空抽提系统提取土壤水样和植株水样。将灌溉水样、土壤水样、植物水样过 $0.22\mu m$ 滤纸后放入 2mL 检测瓶待测。本书全部水样采用 PicarroL 2140-i 超高精度液态水和水汽同位素分析仪进行同位素的测定，当采用^{17}O盈余模式时，液态水测量的典型精度 δD 为 0.038‰，$\delta^{18}O$ 为 0.011‰。

5.7.2　根层水分氢氧稳定同位素分布

自然界中，氢有两种稳定同位素，分别为 H（^1H）和 D（^2H）；氧有 3 种稳定同位素，分别为^{16}O、^{17}O 和^{18}O。不同氢氧同位素组合形成不同分子量的水，由于水分子的热力学特性与组成它的氢、氧原子的质量有关，水分在蒸发、凝聚、渗漏、径流等过程中产生同位素分馏，导致降水、土壤水、植物水的稳定氢氧同位素出现显著差异。地下滴灌前后紫花苜蓿根层水分氢氧稳定同位素剖面分布如图 5.9 所示。由图 5.9 可以看出，滴灌前后，δD、$\delta^{18}O$ 均表现出在紫花苜蓿根层下层富集的规律。原因可能是研究区根层土壤属于砂壤土，具有较好的渗透性，灌溉水由地表向下渗透过程中，将表层土壤中的稳定氢氧同位素携带到了下层。地下滴灌过程中极少产生深层渗漏，因此通过长期滴灌，根层土壤水中的稳定氢氧同位素有随灌溉水向下富集的趋势。

地下滴灌前后土壤水、植物水、灌溉水（"三水"）稳定同位素测定平均值见表 5.1。

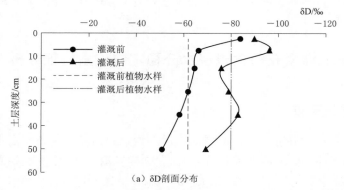

图 5.9（一）　地下滴灌前后紫花苜蓿根层水分氢氧稳定同位素剖面分布

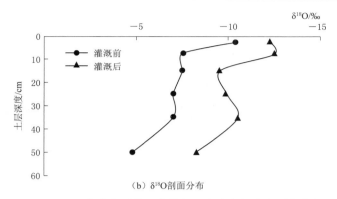

图 5.9（二）　地下滴灌前后紫花苜蓿根层水分氢氧稳定同位素剖面分布

　　从表 5.1 可知，灌溉前，"三水"中灌溉水的稳定氢氧同位素丰度最低，因此在灌溉后，土壤水、植物水的稳定氢氧同位素丰度均有较大幅度的下降，其中土壤水、植物水中 δD 分别下降了 30.1% 和 29.7%，δ¹⁸O 分别下降了47.2% 和 76.3%，说明灌溉水的垂向运动淋洗和稀释了紫花苜蓿根层稳定氢氧同位素。以 δD 为例，灌溉前植物水与土壤水稳定同位素丰度较为接近，灌溉后"三水"同位素丰度均较为接近，进一步说明紫花苜蓿根系吸水过程中，很少产生同位素分馏现象，即地下滴灌模式下紫花苜蓿高效而迅速地利用了灌溉水。

表 5.1　地下滴灌前后土壤水、植物水、灌溉水稳定氢氧同位素平均值

稳定同位素	灌　溉　前/‰			灌　溉　后/‰		变　化　幅　度/%	
	根层土壤水	植物水	灌溉水	根层土壤水	植物水	根层土壤水	植物水
δD	−60.333	−61.893	−80.527	−78.48	−80.251	−30.1	−29.7
$\delta^{18}O$	−6.702	−3.862	−10.764	−9.862	−6.808	−47.2	−76.3

5.7.3　地下滴灌紫花苜蓿用水策略

　　水分被植物根系吸收和从根向叶传送时并不发生同位素分馏，除了少数排盐种类植物，水分被植物根系吸收后沿木质部向上运移，木质部中 δD 不因蒸发或新陈代谢发生分馏，被认为可以反映植物的水分来源。植物构成中的氢、氧元素主要来源为水，尤其是氢元素绝大部分来源于水，由图 5.9 可以看出，稳定氢氧同位素剖面分布规律基本一致，因此以 δD 为例进行分析。利用 Iso-Source 模型对地下滴灌条件下各土层对紫花苜蓿用水的贡献率进行分析，计算增量设为 2%，容差设为 1‰，获得地下滴灌前后根层水分对紫花苜蓿根系吸水贡献比例的频率直方图，如图 5.10 所示。

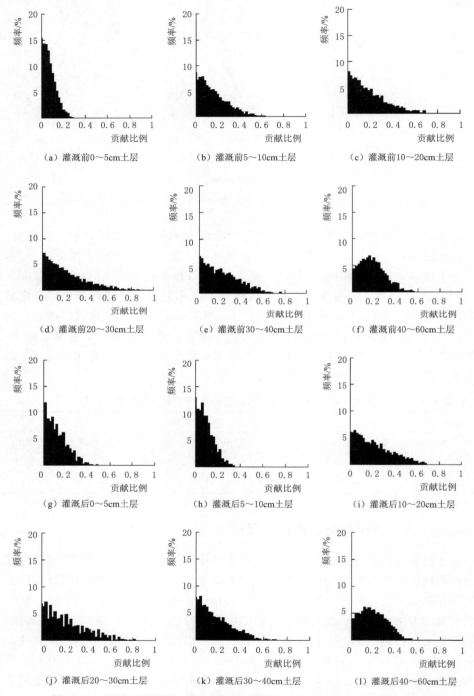

图 5.10　不同土层深度土壤水对紫花苜蓿根系吸水贡献率的频率直方图

由图 5.10 可知，紫花苜蓿分枝期，滴灌前后其根系吸水策略并未发生较大变化。根层内各深度土层水分对紫花苜蓿耗水的贡献率均未发生收敛，说明紫花苜蓿根系吸水在这一生育阶段并不对特定深度土壤产生依赖，而是较充分和高效地利用牧草根层内的所有土壤水，侧面反映出此阶段紫花苜蓿根系发育较好，细根较为活跃，这与相关研究的结论相似，同时也与实测的紫花苜蓿根系分布状况相吻合。

表 5.2 统计了地下滴灌前后紫花苜蓿根层不同深度土壤水的贡献率。从贡献率平均值来看，除表层 0～10cm 土壤水贡献率较小外，其他根层土壤贡献率比较接近，均在 0.20 左右。从贡献率的最大值分析，灌溉前 30cm 深度贡献率最大，从图 5.9（a）中也可看出，灌溉前植物水、土壤水中 δD 比率在30cm 深度处出现交汇，说明地下滴灌前紫花苜蓿根系吸收水分来源较多地集中于 30cm 左右；地下滴灌后，植物水、土壤水 δD 比率则在 15cm、30cm、40cm 分别交汇，并且贡献率的最大值也出现在这 3 层土壤中，说明灌溉后紫花苜蓿根系吸收水分的来源较多集中于此。

表 5.2　　　　　地下滴灌前后紫花苜蓿根层不同深度土壤水贡献率

根层深度	灌 溉 前 贡 献 率			灌 溉 后 贡 献 率		
	平均值	最小值	最大值	平均值	最小值	最大值
0～5cm	0.07	0	0.28	0.12	0	0.48
5～10cm	0.16	0	0.62	0.09	0	0.34
10～20cm	0.18	0	0.68	0.21	0	0.68
20～30cm	0.21	0	0.86	0.22	0	0.82
30～40cm	0.21	0	0.76	0.17	0	0.70
40～60cm	0.18	0	0.56	0.19	0	0.54

5.7.4　结果分析

地下滴灌条件下，紫花苜蓿根层水分稳定氢氧同位素在下层富集，且随土壤剖面深度的增加，同位素富集量有增加的趋势。原因可能是，研究区根层土壤属于砂土，具有较好的渗透性，灌溉水由地表向下渗透过程中，将表层土壤中的稳定氢氧同位素携带到了下层。滴灌作为一种高效节水的灌溉方式，灌溉过程中极少产生深层渗漏，因此通过长期地下滴灌，根层土壤水中的稳定氢氧同位素有随灌溉水向下富集的趋势。

根据试验数据及结果，地下滴灌前土壤干旱时，紫花苜蓿以 30cm 上下深度土壤水作为主要水分来源的概率较高。地下滴灌后，植物水与灌溉水氢氧同位素比率较为接近，说明滴灌条件下牧草迅速而高效地吸收利用了灌溉水；根层内各深度土层水分对紫花苜蓿耗水的贡献率均未发生收敛，说明滴灌后紫花苜蓿对灌溉水的用水策略并不局限于某一深度土层，原因在于紫花苜蓿根层发育有较多细根，对各土层土壤水均有利用。

5.8　小结

（1）地下滴灌后根系层不同水分的 δD 分布发生了明显变化，并反映出封冻、融冻两个时期的冬灌对促进苜蓿越冬有各自不同的影响过程和机理。其中封冻灌溉仅在高水量灌溉条件下有少量水分被紫花苜蓿吸收，低、中水量封冻灌溉下，紫花苜蓿均未吸收灌溉水。封冻灌溉并不是通过直接供给紫花苜蓿用水来促进苜蓿安全越冬，而是更多地通过改善土壤环境为紫花苜蓿安全进入越冬期创造良好的生境条件。

（2）融冻灌溉后第 3 天，紫花苜蓿逐渐开始吸收灌溉水，并且在不同水量的灌溉条件下，紫花苜蓿吸水表现出不同的特征，例如低水量融冻灌溉，紫花苜蓿更倾向于利用滴灌带湿润一侧的土壤水分。融冻灌溉水被紫花苜蓿吸收，缓解了紫花苜蓿返青前期的环境胁迫，促进了紫花苜蓿返青，并且返青时间受灌溉影响有所提前。

第6章 多年生牧草地下滴灌水肥药一体化技术集成模式研究

6.1 不同水肥药配施对多年生牧草生长生育指标的影响

农作物的生长发育因其自身的特性而表现出明显的生物学规律，生物量变化是一个积累的过程，但不同生育期生物量积累的多少及快慢有所不同。本书以紫花苜蓿为研究对象，通过不同灌水、施肥及施药处理研究不同水肥药配施条件下地下滴灌对多年生牧草生长生育指标的影响。

6.1.1 不同灌水定额对多年生牧草株高的影响

对紫花苜蓿株高进行定期观测，每个处理均进行定株观测，采用其平均值绘制株高随时间的变化过程。图 6.1～图 6.3 分别为低肥、中肥和高肥处理下不同灌水定额对第二茬紫花苜蓿株高的影响。

从图 6.1～图 6.3 中可以看出，不同灌水定额对株高的影响总体趋势是一致的，都是由快到慢的生长趋势，从返青期到现蕾期株高增长较快，从现蕾期到刈割期增长速率开始变缓，紫花苜蓿由营养生长转向生殖生长，此时同化物优先分配给生殖器官，用于株高和叶片的同化物自然减少，使其生长速率下降。各处理在整个生育期平均增长速率变化相对较小，主要因为从返青期到刈割期温度较低，不同的灌水定额对其增长速率影响较小，但对株高还是有一定

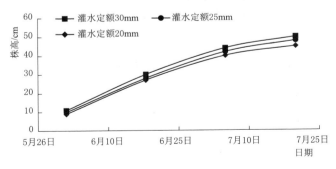

图 6.1 低肥处理下不同灌水定额对第二茬苜蓿株高的影响

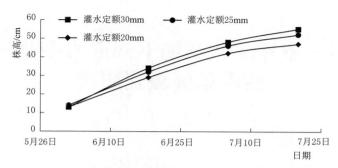

图 6.2 中肥处理下不同灌水定额对第二茬苜蓿株高的影响

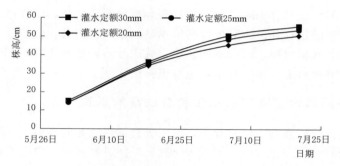

图 6.3 高肥处理下不同灌水定额对第二茬苜蓿株高的影响

的影响，随着灌水定额的增大，株高随之增大。图 6.2 为在中肥处理下（N、P_2O_5、K_2O 量分别为 $60kg/hm^2$、$90kg/hm^2$ 和 $120kg/hm^2$）不同灌水定额对第二茬紫花苜蓿刈割时株高的影响，灌水定额为 20mm、25mm 和 30mm 的株高分别为 47cm、52cm 和 55cm，灌水定额由 20mm 增加到 25mm 时，株高增加了 10.63％；灌水定额由 25mm 增加到 30mm 时，株高增加了 5.77％。由此可见，从节水增效的角度考虑，灌水定额建议采用 25mm。低肥和高肥处理下不同灌水定额对第一、第三茬紫花苜蓿有相似的结果。

6.1.2 不同肥料处理对多年生牧草株高的影响

对紫花苜蓿株高进行定期观测，每个处理均进行定株观测，采用其平均值绘制株高随时间的变化过程。图 6.4～图 6.6 分别为低水、中水和高水处理下不同肥料处理对第二茬紫花苜蓿株高的影响。

从图 6.4～图 6.6 中可以看出，不同肥料处理对株高的影响总体趋势是一致的，都是由快到慢的生长趋势，从返青期到现蕾期株高增长较快，从现蕾期

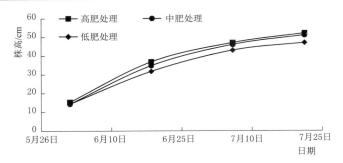

图 6.4 低水处理下不同施肥水平对第二茬苜蓿株高的影响

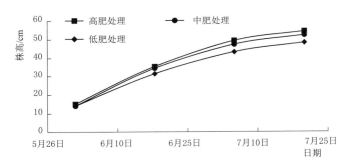

图 6.5 中水处理下不同施肥水平对第二茬苜蓿株高的影响

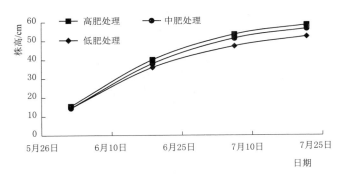

图 6.6 高水处理下不同施肥水平对第二茬苜蓿株高的影响

到刈割期增长速率开始变缓，紫花苜蓿由营养生长转向生殖生长，此时同化物优先分配给生殖器官，用于株高和叶片的同化物自然减少，使其生长速率下降。随着施肥水平的增大，株高随之增大。图 6.5 为在中水处理下（灌水定额 25mm）不同施肥水平对第二茬紫花苜蓿刈割时株高的影响，低肥、中肥和高肥处理的株高分别为 48cm、52cm 和 53cm，施肥水平由低肥增加到中肥时，株高增加了 8.33％；施肥水平由中肥增加到高肥时，株高增加了 3.85％，这是由于施肥水平增加，紫花苜蓿根系吸收了一定的营养元素使得紫花苜蓿株高增加，但高肥处理下，紫花苜蓿根系土壤水营养元素浓度较高，不利于紫花苜蓿根系对营养元素的吸收，因此当施肥水平由中肥增加到高肥时，紫花苜蓿株高增加较少，建议该地区种植紫花苜蓿可以对其采用中肥处理。低水和高水处理下不同施肥水平对第一、第三茬紫花苜蓿有相似的结果。

6.1.3　不同水肥药配施对多年生牧草干草产量的影响

干物质的累积是作物产量的基础，植物所需水分和养分是干物质形成的重要影响因素。了解干物质与水分、养分吸收的变化动态，有助于采取及时有效的措施调控作物生长发育，从而提高作物产量。适宜的水分和养分配比可促进紫花苜蓿整个生育期总生物量的累积，从而获得较高的紫花苜蓿干草产量。

图 6.7 和图 6.8 分别为 2017 年和 2018 不同水肥药配施对三茬紫花苜蓿干草产量的影响。对比不同水肥药处理紫花苜蓿干草产量，水肥处理均显著高于不灌水不施肥的对照处理（CK），总趋势表现为干草产量随水肥投入量的增加而增大，水肥增加到一定程度后，紫花苜蓿干草产量无显著增加，水肥对干草产量的影响符合报酬递减的一般规律。

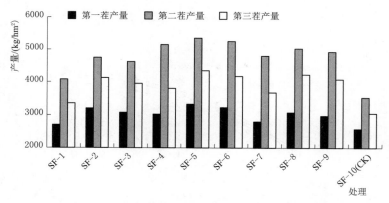

图 6.7　2017 年不同水肥药配施对三茬紫花苜蓿干草产量的影响

由图 6.7 和图 6.8 可知，不同水肥药配施条件下处理 SF-5 紫花苜蓿干草产量最大，但与处理 SF-6 及 SF-8 无显著差异，说明通过适宜的水分、养分供给紫花苜蓿能获得较高的干草产量，过量的灌水施肥不能继续对紫花苜蓿干草产量产生贡献。对于干草产量的影响，肥料效应在不同灌溉水平下影响效果不同、水分效应在不同的施肥水平下影响效果不同，说明水肥两因素存在交互作用，W1 处理（灌水定额为 20mm）的灌溉水平下，干草产量随肥料施用量的增加缓慢增长，施肥量由中肥到高肥时干草产量积累量降低，说明水分亏缺条件下，肥料对紫花苜蓿干草产量的影响效果较小，过量施肥阻碍紫花苜蓿干物质的积累。W2 处理（灌水定额为 25mm）灌溉水平下，随着施肥量的增加紫花苜蓿干草产量显著增加，继续提升灌水量至 W3 处理（灌水定额为 30mm），干草产量无显著增加，且超过中肥水平的施肥量对干草产量积累效应微弱，说明适当的节水条件可以获得较好的肥料效应，作物可以达到较高的干物质积累水平。

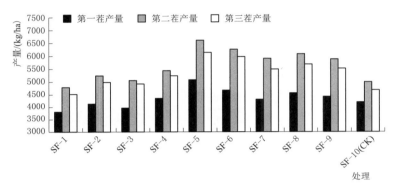

图 6.8 2018 年不同水肥药配施对三茬紫花苜蓿干草产量的影响

6.2 不同水肥药配施对多年生牧草耗水的影响

作物耗水量是指在任意土壤水分条件下作物农田水分消耗。耗水规律是对作物进行合理灌溉、产量预测和灌溉工程设计的基础，也是在水资源不足条件下对其进行合理优化配置（种植业与其他产业之间以及种植业内部各种作物之间）的前提。作物耗水量不仅与气象因素和土壤条件有关，而且与作物品种、生长阶段有很大的关系。

6.2.1 多年生牧草耗水特性的计算

（1）耗水量。紫花苜蓿耗水量采用水量平衡方程计算：

$$ET_a = P_e + I - \Delta W - Q \tag{6.1}$$

式中：ET_a 为各时段内的耗水量，mm；P_e 为相应时段内的有效降水量，mm；I 为相应时段内的灌水量，mm；ΔW 为相应时段内的土壤贮水变化量，mm；Q 为相应时段内的下边界水分通量，mm。

（2）有效降水量。有效降水量的计算公式如下：

$$P_e = \alpha P \tag{6.2}$$

式中：α 为有效降水系数；P 为实际降水量。

在砂土条件下，当 $P < 3mm$ 时，$\alpha = 0$；当 $3mm \leqslant P \leqslant 50mm$ 时，$\alpha = 1.0$；当 $P > 50mm$ 时，$\alpha = 0.8$。

（3）土壤贮水变化量。各生育期土壤贮水变化量根据各试验处理的土壤含水率值进行计算，公式为

$$\Delta W = \frac{(\theta_{i+1} - \theta_i)}{100} \gamma h \tag{6.3}$$

式中：θ_i 为相应时段初始土壤含水率，%；θ_{i+1} 为相应时段末土壤含水率，%；γ 为土壤容重，cm^3/g；h 为计划湿润层深度，mm。

（4）下边界水分通量。根据试验实测的土壤负压值进行各生育期土壤深层渗漏或补给量的计算。土壤计划湿润层下边界土壤水分的补给和渗漏采用定位通量法计算，测定仪器为负压计。定位通量法计算公式为

$$q\ (z_{1-2}) = -k\ (\overline{h}) \left(\frac{h_2 - h_1}{\Delta z} + 1 \right) \tag{6.4}$$

其中
$$\Delta z = z_2 - z_1, \quad \overline{h} = \frac{h_1 + h_2}{2}$$

式中：$k\ (\overline{h})$ 为 $\overline{h}$ 土层处土壤的渗透系数；h_1、h_2 分别为断面 z_1、z_2 处的土壤负压值。

由式（6.4）可以得到 t_1 至 t_2 时段内单位面积上流过的土壤水流量 $q\ (z_{1-2})$，同样由 $q\ (z_{1-2})$ 求得任一断面流量 $q\ (z)$：

$$q(z) = q(z_{1-2}) + \int_z^{z_{1-2}} q(z,\ t_2)dz - q(z,\ t_1) \int_z^{z_{1-2}} dz \tag{6.5}$$

（5）水分生产率。水分生产率指作物消耗单位水量的产出，其值等于作物产量与作物净耗水量的比值。作物水分生产率采用下式计算：

$$WP = \frac{Y}{P + I - \Delta W - Q} \times 0.1 \tag{6.6}$$

式中：WP 为水分生产率，kg/m^3；Y 为作物产量，kg/hm^2；其他符号意义同前。

（6）耗水强度 WCI。WCI 指单位面积的植物群体在单位时间内的耗水量。作物耗水强度采用下式计算：

$$WCI = \frac{ET_a}{T} \tag{6.7}$$

式中：WCI 为耗水强度，mm/d；T 为作物生育阶段历时，d；其他符号同前。

6.2.2 多年生牧草各生育期划分及灌水量

紫花苜蓿每年刈割三茬，2017 年每茬紫花苜蓿生育期划分、生育期长度和有效降雨量详见表 6.1～表 6.3，2018 年每茬紫花苜蓿生育期划分、生育期长度和有效降雨量详见表 6.4～表 6.6。

表 6.1
2017 年第一茬紫花苜蓿不同生育期划分、
生育期长度和有效降雨量

项 目	生 育 期			
	返青期	拔节期	分枝期	开花期
生育期划分	4 月 4—19 日	4 月 20 日—5 月 3 日	5 月 4—19 日	5 月 20 日—6 月 1 日
生育期长度/d	16	14	16	13
有效降雨量/mm	14.7	10.8	0	16.4

表 6.2
2017 年第二茬紫花苜蓿不同生育期划分、
生育期长度和有效降雨量

项 目	生 育 期			
	返青期	拔节期	分枝期	开花期
生育期划分	6 月 2—13 日	6 月 14—25 日	6 月 26 日—7 月 8 日	7 月 9—17 日
生育期长度/d	12	12	13	9
有效降雨量/mm	25.6	10.3	0	0

表 6.3
2017 年第三茬紫花苜蓿不同生育期划分、
生育期长度和有效降雨量

项 目	生 育 期			
	返青期	拔节期	分枝期	开花期
生育期划分	7 月 18 日—8 月 2 日	8 月 3—19 日	8 月 20 日—9 月 5 日	9 月 6—22 日
生育期长度/d	16	17	17	17
有效降雨量/mm	15.7	0	66	22.6

表 6.4
2018 年第一茬紫花苜蓿不同生育期划分、
生育期长度和有效降雨量

项 目	生 育 期			
	返青期	拔节期	分枝期	开花期
生育期划分	4 月 5—19 日	4 月 20 日—5 月 4 日	5 月 5—20 日	5 月 21 日—6 月 3 日
生育期长度/d	15	15	16	14
有效降雨量/mm	19.2	0	43	28.6

表 6.5　　　　　　　　**2018 年第二茬紫花苜蓿不同生育期划分、**
生育期长度和有效降雨量

项　　目	生　育　期			
	返青期	拔节期	分枝期	开花期
生育期划分	6 月 4—15 日	6 月 16—30 日	7 月 1—15 日	7 月 16—25 日
生育期长度/d	12	15	15	10
有效降雨量/mm	0	16.2	19.7	28.3

表 6.6　　　　　　　　**2018 年第三茬紫花苜蓿不同生育期划分、**
生育期长度和有效降雨量

项　　目	生　育　期			
	返青期	拔节期	分枝期	开花期
生育期划分	7 月 26 日—8 月 10 日	8 月 11—25 日	8 月 26 日—9 月 10 日	9 月 11—22 日
生育期长度/d	16	15	16	12
有效降雨量/mm	24.8	6.8	13.9	0

本试验小区通过 HOBO 土壤水分自动测定仪对各小区土壤水分进行自动监测，当处理达到水分下限时，及时进行灌水。对照处理（CK）的灌水根据当地牧民灌水经验进行，灌水量通过水表读数进行量测。2017 年三茬紫花苜蓿各处理各个生育期的灌水量见表 6.7～表 6.9，2018 年三茬紫花苜蓿各处理各个生育期的灌水量见表 6.10～表 6.12。

表 6.7　　　　　**2017 年第一茬紫花苜蓿各处理各生育期灌水量**　　　单位：mm

处理	返青期	拔节期	分枝期	开花期	总灌水量
SF-1	20	40	40	20	120
SF-2	20	40	40	20	120
SF-3	20	40	40	20	120
SF-4	25	50	50	25	150
SF-5	25	50	50	25	150
SF-6	25	50	50	25	150
SF-7	30	60	60	30	180
SF-8	30	60	60	30	180
SF-9	30	60	60	30	180
CK	0	80	80	0	160

表 6.8 　　　　　　**2017 年第二茬紫花苜蓿各处理各生育期灌水量** 　　　单位：mm

处理	返青期	拔节期	分枝期	开花期	总灌水量
SF－1	20	20	40	20	100
SF－2	20	20	40	20	100
SF－3	20	20	40	20	100
SF－4	25	25	50	25	125
SF－5	25	25	50	25	125
SF－6	25	25	50	25	125
SF－7	30	30	60	30	150
SF－8	30	30	60	30	150
SF－9	30	30	60	30	150
CK	0	80	80	0	160

表 6.9 　　　　　　**2017 年第三茬紫花苜蓿各处理各生育期灌水量** 　　　单位：mm

处理	返青期	拔节期	分枝期	开花期	总灌水量
SF－1	20	20	0	20	60
SF－2	20	20	0	20	60
SF－3	20	20	0	20	60
SF－4	25	25	0	25	75
SF－5	25	25	0	25	75
SF－6	25	25	0	25	75
SF－7	30	30	0	30	90
SF－8	30	30	0	30	90
SF－9	30	30	0	30	90
CK	0	80	80	0	160

表 6.10 　　　　　　**2018 年第一茬紫花苜蓿各处理各生育期灌水量** 　　　单位：mm

处理	返青期	拔节期	分枝期	开花期	总灌水量
SF－1	20	40	20	20	100
SF－2	20	40	20	20	100
SF－3	20	40	20	20	100
SF－4	25	50	25	25	125
SF－5	25	50	25	25	125
SF－6	25	50	25	25	125
SF－7	30	60	30	30	150

续表

处理	返青期	拔节期	分枝期	开花期	总灌水量
SF－8	30	60	30	30	150
SF－9	30	60	30	30	150
CK	0	80	0	80	160

表 6.11　　　　　2018 年第二茬紫花苜蓿各处理各生育期灌水量　　　单位：mm

处理	返青期	拔节期	分枝期	开花期	总灌水量
SF－1	40	20	20	0	80
SF－2	40	20	20	0	80
SF－3	40	20	20	0	80
SF－4	50	25	25	0	100
SF－5	50	25	25	0	100
SF－6	50	25	25	0	100
SF－7	60	30	30	0	120
SF－8	60	30	30	0	120
SF－9	60	30	30	0	120
CK	80	0	80	0	160

表 6.12　　　　　2018 年第三茬紫花苜蓿各处理各生育期灌水量　　　单位：mm

处理	返青期	拔节期	分枝期	开花期	总灌水量
SF－1	40	20	20	20	100
SF－2	40	20	20	20	100
SF－3	40	20	20	20	100
SF－4	50	25	25	25	125
SF－5	50	25	25	25	125
SF－6	50	25	25	25	125
SF－7	60	30	30	30	150
SF－8	60	30	30	30	150
SF－9	60	30	30	30	150
CK	0	80	0	80	160

6.2.3　多年生牧草各生育期土壤贮水变化量和下边界水分通量

通过式（6.3）计算得出土壤贮水变化量，通过式（6.4）和式（6.5）计算得出下边界水分通量。2017 年三茬紫花苜蓿各处理各生育期的土壤贮水变化量见表 6.13～表 6.15，下边界水分通量见表 6.16～表 6.18；2018 年三茬紫花苜蓿各处理各生育期的土壤贮水变化量见表 6.19～表 6.21，下边界水分通量见表 6.22～表 6.24。

表 6.13 2017 年第一茬紫花苜蓿各处理各生育期土壤贮水变化量 单位：mm

处理	返青期	拔节期	分枝期	开花期	总变化量
SF-1	1.54	9.97	1.35	3.83	16.69
SF-2	0.54	8.97	0.35	2.83	12.69
SF-3	0.55	7.36	0.93	2.63	11.47
SF-4	3.63	14.27	6.61	6.48	30.99
SF-5	3.36	12.23	3.85	4.65	24.09
SF-6	3.68	12.87	6.37	4.49	27.41
SF-7	5.18	19.25	11.27	7.84	43.54
SF-8	3.94	15.34	7.27	6.59	33.14
SF-9	3.68	17.35	10.54	7.59	39.16
CK	−9.68	23.35	19.56	−8.59	24.64

表 6.14 2017 年第二茬紫花苜蓿各处理各生育期土壤贮水变化量 单位：mm

处理	返青期	拔节期	分枝期	开花期	总变化量
SF-1	9.59	−3.27	−3.95	−6.17	−3.83
SF-2	7.53	−5.97	−3.61	−5.37	−7.42
SF-3	8.46	−5.48	−2.92	−4.67	−4.61
SF-4	6.58	−3.37	0.72	−4.38	−0.45
SF-5	5.69	−4.92	−0.18	−4.55	−3.96
SF-6	5.99	−4.46	0.25	−4.27	−2.49
SF-7	10.87	−1.14	5.88	−1.62	13.99
SF-8	9.76	−2.07	4.87	−1.86	10.70
SF-9	10.37	−1.48	5.17	−1.25	12.81
CK	−7.46	23.75	13.69	−15.18	14.80

表 6.15 2017 年第三茬紫花苜蓿各处理各生育期土壤贮水变化量 单位：mm

处理	返青期	拔节期	分枝期	开花期	总变化量
SF-1	3.36	−6.18	13.35	6.79	17.32
SF-2	1.64	−9.73	12.46	2.49	6.86
SF-3	1.87	−10.13	14.61	3.01	9.36
SF-4	3.99	−5.63	14.76	5.47	18.59

处理	返青期	拔节期	分枝期	开花期	总变化量
SF - 5	3.01	−10.67	11.85	3.13	7.32
SF - 6	3.05	−8.81	13.16	3.61	11.01
SF - 7	8.25	−4.73	15.83	8.36	27.71
SF - 8	6.45	−5.68	11.79	5.16	17.72
SF - 9	5.74	−4.57	12.66	5.63	19.46
CK	−8.89	17.65	56.08	−5.67	59.17

表 6.16　　2017 年第一茬紫花苜蓿各处理各生育期下边界水分通量　单位：mm

处理	返青期	拔节期	分枝期	开花期	总通量
SF - 1	1.29	8.76	1.19	3.55	14.79
SF - 2	0.29	6.76	0.19	1.55	8.79
SF - 3	0.76	8.64	0.17	4.15	13.72
SF - 4	3.78	14.34	6.31	6.19	30.62
SF - 5	1.95	13.91	5.62	3.97	25.45
SF - 6	3.03	13.52	4.16	5.54	26.25
SF - 7	5.61	18.18	10.48	8.85	43.12
SF - 8	5.82	19.61	9.69	7.86	42.98
SF - 9	6.27	18.26	8.91	8.17	41.61
CK	−10.27	25.68	16.91	−8.17	24.15

表 6.17　　2017 年第二茬紫花苜蓿各处理各生育期下边界水分通量　单位：mm

处理	返青期	拔节期	分枝期	开花期	总通量
SF - 1	8.06	−4.54	−2.67	−4.34	−3.49
SF - 2	6.72	−4.71	−3.49	−5.88	−7.36
SF - 3	7.09	−5.03	−3.64	−5.18	−6.76
SF - 4	7.24	−4.65	0.83	−3.95	−0.53
SF - 5	6.78	−4.74	−0.35	−4.16	−2.47
SF - 6	6.82	−4.81	0.55	−3.99	−1.43
SF - 7	11.36	−0.96	6.43	−1.15	15.68
SF - 8	10.85	−1.39	5.52	−1.72	13.26
SF - 9	10.89	−1.17	5.58	−1.69	13.61
CK	−6.19	22.46	15.73	−14.85	17.15

表 6.18　　**2017 年第三茬紫花苜蓿各处理各生育期下边界水分通量**　　单位：mm

处理	返青期	拔节期	分枝期	开花期	总通量
SF－1	2.89	−7.23	15.01	3.58	14.25
SF－2	0.83	−11.29	11.35	2.08	2.97
SF－3	1.16	−9.78	11.07	2.16	4.61
SF－4	4.87	−7.88	12.27	5.36	14.62
SF－5	3.47	−8.13	9.39	2.86	7.59
SF－6	3.36	−7.86	10.15	3.37	9.02
SF－7	6.42	−3.06	12.14	8.15	23.65
SF－8	5.18	−7.67	10.18	6.29	13.98
SF－9	5.99	−6.76	11.19	6.98	17.4
CK	−8.62	15.28	51.16	−6.42	51.4

表 6.19　　**2018 年第一茬紫花苜蓿各处理各生育期土壤贮水变化量**　　单位：mm

处理	返青期	拔节期	分枝期	开花期	总变化量
SF－1	6.54	2.97	9.35	3.83	22.69
SF－2	5.54	0.97	7.35	3.83	17.69
SF－3	5.88	1.36	8.93	5.63	21.8
SF－4	7.63	5.27	10.61	8.48	31.99
SF－5	5.36	3.23	6.85	4.15	19.59
SF－6	5.68	4.87	8.37	4.49	23.41
SF－7	10.18	10.25	11.27	8.84	40.54
SF－8	9.94	8.34	9.27	7.59	35.14
SF－9	9.18	12.35	10.54	7.59	39.66
CK	−5.68	20.35	−2.56	35.59	47.7

表 6.20　　**2018 年第二茬紫花苜蓿各处理各生育期土壤贮水变化量**　　单位：mm

处理	返青期	拔节期	分枝期	开花期	总变化量
SF－1	6.91	−3.27	−1.95	−1.17	0.52
SF－2	6.53	−3.97	−5.61	−0.37	−3.42
SF－3	6.26	−3.88	−2.92	−0.67	−1.21
SF－4	10.58	−2.37	−1.22	−1.38	5.61
SF－5	6.69	−5.92	−6.18	−6.55	−11.96

续表

处理	返青期	拔节期	分枝期	开花期	总变化量
SF-6	7.99	-3.46	-4.98	-1.77	-2.22
SF-7	15.87	-0.14	-0.88	-1.89	12.96
SF-8	15.76	-0.67	-0.87	-1.86	12.36
SF-9	14.37	-0.48	-1.17	-1.95	10.77
CK	24.46	-13.75	23.69	-1.18	33.22

表 6.21　2018 年第三茬紫花苜蓿各处理各生育期土壤贮水变化量　单位：mm

处理	返青期	拔节期	分枝期	开花期	总变化量
SF-1	16.36	-6.18	-5.85	-7.79	-3.46
SF-2	16.64	-8.73	-8.46	-7.49	-8.04
SF-3	16.87	-6.13	-6.89	-9.01	-5.16
SF-4	20.16	-6.63	-6.76	-5.97	0.8
SF-5	16.01	-8.67	-8.85	-9.13	-10.64
SF-6	15.05	-6.98	-7.86	-6.61	-6.4
SF-7	22.25	-4.73	-3.83	-3.36	10.33
SF-8	21.45	-5.68	-3.79	-3.16	8.82
SF-9	23.74	-3.57	-2.66	-3.63	13.88
CK	-6.89	20.55	-16.08	19.67	17.25

表 6.22　2018 年第一茬紫花苜蓿各处理各生育期下边界水分通量　单位：mm

处理	返青期	拔节期	分枝期	开花期	总通量
SF-1	5.89	1.76	8.19	5.58	21.42
SF-2	5.29	1.76	8.19	4.55	19.79
SF-3	5.76	2.64	7.17	4.15	19.72
SF-4	6.78	7.34	11.31	6.19	31.62
SF-5	5.95	3.91	7.62	4.47	21.95
SF-6	6.73	4.52	8.16	5.54	24.95
SF-7	9.61	12.18	13.48	8.85	44.12
SF-8	8.82	12.61	12.69	7.86	41.98
SF-9	10.27	9.26	12.91	8.17	40.61
CK	-5.27	21.68	-1.91	33.17	47.67

表 6.23 **2018 年第二茬紫花苜蓿各处理各生育期下边界水分通量** 单位：mm

处理	返青期	拔节期	分枝期	开花期	总通量
SF-1	7.26	−4.54	−3.67	−0.34	−1.29
SF-2	6.02	−4.71	−3.49	−1.88	−4.06
SF-3	7.19	−4.03	−3.84	−1.18	−1.86
SF-4	12.24	−1.65	−1.83	−0.95	7.81
SF-5	9.78	−2.74	−6.35	−2.16	−1.47
SF-6	9.82	−2.81	−4.37	−2.99	−0.35
SF-7	15.36	−0.96	0.43	−1.98	12.85
SF-8	13.85	−1.39	−1.52	−2.72	8.22
SF-9	15.89	−1.17	−0.58	−2.38	11.76
CK	25.19	−16.46	26.73	−1.85	33.61

表 6.24 **2018 年第三茬紫花苜蓿各处理各生育期下边界水分通量** 单位：mm

处理	返青期	拔节期	分枝期	开花期	总通量
SF-1	15.89	−7.23	−7.62	−7.58	−6.54
SF-2	13.83	−7.89	−7.35	−8.08	−9.49
SF-3	14.16	−9.78	−8.07	−6.16	−9.85
SF-4	19.27	−6.38	−4.27	−5.36	3.26
SF-5	15.47	−9.13	−9.39	−7.86	−10.91
SF-6	18.36	−7.86	−9.15	−7.37	−6.02
SF-7	25.42	−3.06	−4.14	−4.15	14.07
SF-8	24.58	−4.67	−5.68	−5.29	8.94
SF-9	22.99	−6.16	−5.19	−4.98	6.66
CK	−6.62	20.78	−21.16	25.42	18.42

6.2.4 不同水肥药配施条件下多年生牧草各生育期耗水规律

利用水量平衡方程分别对三茬紫花苜蓿各生育期耗水量进行计算，紫花苜蓿在每个生育期的耗水量如图 6.9 所示。由图 6.9 可以看出，低、中、高三种水分处理下第一茬紫花苜蓿各生育期的耗水量总体呈现先升高后降低的变化趋势，各生育期的耗水量关系为分枝期＞拔节期＞返青期＞开花期；返青期紫花苜蓿植株覆盖度较低，这一时段紫花苜蓿耗水以土壤蒸发为主，随着作物的生长发育，耗水量不断增大，到分枝期达到最大；拔节期到分枝期，紫花苜蓿由快速生长期进入生长旺盛期，植株覆盖度逐渐达到最大，田间裸露地表逐渐减少，作物腾发量主要以作物蒸腾为主；同时，在分枝期作物生长发育进入相对成熟的阶段，光合作用最为活跃，蒸腾需水达到最大；由于紫花苜蓿每年刈割三茬，在其进入开花初期，便将其刈割，以便其快速进入下一茬的返青期，故在开花期其耗水量最低。第二、第三茬紫花苜蓿有相似的试验结果，值得注意的是，第三茬紫花苜蓿各试验小区在分枝期和开花期的耗水量均大于对照处理（CK），这是由于在第三茬紫花苜蓿的分枝期和开花期，气温相对较低，对照处理（CK）的耗水量骤然下降，而试验小区由于对其进行了施肥处理，在气温相对较低的情况下，紫花苜蓿依然生长旺盛，具有较大的耗水量，说明在低温的情况下施肥能够促进紫花苜蓿的生长发育。

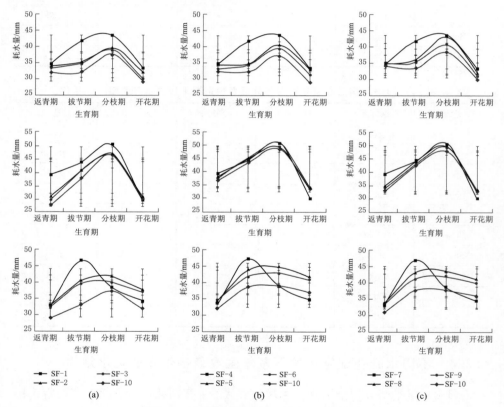

图 6.9　紫花苜蓿在每个生育期的耗水量

注：紫花苜蓿第一，第二和第三茬作物的耗水顺序排列在上、中、下层，

（a）～（c）依次代表低、中、高水分处理。

从图 6.9 中整体耗水量的比较来看，各处理耗水量的关系为高水分处理（SF-7、SF-8、SF-9）＞中水分处理（SF-4、SF-5、SF-6）＞低水分处理（SF-1、SF-2、SF-3），各生育期的耗水量随灌水量的增加而增加；低、中、高三种水分处理下紫花苜蓿各生育期耗水量均小于当地对照处理（CK）的灌水量，因为对照处理（CK）是牧民为了追求低投入高产出，对紫花苜蓿一次性灌大量的水并且没有对其进行施肥。分析相同水分处理不同施肥量情况下紫花苜蓿各生育期的耗水量，对比图 6.9 中 a、b、c 可以看出，相同水分处理时，施肥量对各生育期的耗水量影响比较大，说明施肥是敏感因素。水分处理相同时，各处理耗水量关系为中施肥处理＞高施肥处理＞低施肥处理，说明高施肥处理会抑制作物的生长，从而作物的耗水量减少。第二、第三茬紫花苜蓿有相似的试验结果。

6.2.5 不同水肥药配施对多年生牧草各生育期耗水强度的影响

2017 年和 2018 年不同水肥药配施下三茬紫花苜蓿各生育期的耗水强度分别见表 6.25～表 6.27 和表 6.28～表 6.30，2017 年和 2018 年三茬紫花苜蓿的平均耗水强度如图 6.10 和图 6.11 所示。

由表 6.25～表 6.27 和图 6.10 可知，2017 年紫花苜蓿的平均耗水强度随着灌水定额的增大呈现先增大后减小的趋势，其中第二茬紫花苜蓿处理 SF-1 的平均耗水强度最小，为 3.12mm/d，处理 SF-5 的平均耗水强度最大，为 3.64mm/d，较处理 SF-1 增大 16.67%；2017 年三茬紫花苜蓿各生育期的耗水强度表现为分枝期＞拔节期＞开花期＞返青期，这说明紫花苜蓿在分枝期生长速度快，叶面蒸腾大，耗水强度也就大，而三茬紫花苜蓿的平均耗水强度为第二茬＞第一茬＞第三茬，这是因为第二茬时气温高，紫花苜蓿生长旺盛，第三茬时气温低，紫花苜蓿生长缓慢。由表 6.28～表 6.30 和图 6.11 可知，2018 年紫花苜蓿的平均耗水强度随着灌水定额的增大呈现先增大后减小的趋势，其中第二茬紫花苜蓿处理 SF-1 的平均耗水强度最小，为 2.77mm/d，处理 SF-5 的平均耗水强度最大，为 3.41mm/d，较处理 SF-1 增大 22.96%；2018 年三茬紫花苜蓿各生育期的耗水强度表现为分枝期＞开花期＞拔节期＞返青期，而三茬紫花苜蓿的平均耗水强度为第二茬＞第三茬＞第一茬，主要原因是 2018 年第一茬所处的月份天气气温较低，积温较低，紫花苜蓿生长缓慢的缘故。

在相同水分处理下，随着施肥量的增大，紫花苜蓿的平均耗水强度也呈现先增大后减小的趋势，耗水强度为中肥＞高肥＞低肥，说明施肥有助于紫花苜蓿生长，从而提高紫花苜蓿的耗水强度。

表 6.25　　　　　2017 年第一茬紫花苜蓿各生育期耗水强度　　　　单位：mm/d

处理	返青期	拔节期	分枝期	开花期	平均耗水强度
SF-1	1.99	2.29	2.34	2.23	2.21
SF-2	2.12	2.51	2.47	2.46	2.39

续表

处理	返青期	拔节期	分枝期	开花期	平均耗水强度
SF-3	2.09	2.49	2.43	2.28	2.32
SF-4	2.02	2.30	2.32	2.21	2.21
SF-5	2.15	2.48	2.53	2.52	2.42
SF-6	2.06	2.46	2.47	2.41	2.35
SF-7	2.12	2.38	2.39	2.29	2.29
SF-8	2.18	2.56	2.69	2.46	2.47
SF-9	2.17	2.51	2.53	2.36	2.39
CK	2.17	2.98	2.72	2.55	2.61

表 6.26　　　　　　**2017 年第二茬紫花苜蓿各生育期耗水强度**　　　单位：mm/d

处理	返青期	拔节期	分枝期	开花期	平均耗水强度
SF-1	2.33	3.18	3.59	3.39	3.12
SF-2	2.61	3.42	3.62	3.47	3.28
SF-3	2.50	3.40	3.58	3.32	3.20
SF-4	3.07	3.61	3.73	3.70	3.53
SF-5	3.18	3.75	3.89	3.75	3.64
SF-6	3.15	3.71	3.78	3.70	3.59
SF-7	2.78	3.53	3.67	3.64	3.41
SF-8	2.92	3.65	3.82	3.73	3.53
SF-9	2.86	3.58	3.79	3.66	3.47
CK	3.27	3.67	3.89	3.34	3.54

表 6.27　　　　　　**2017 年第三茬紫花苜蓿各生育期耗水强度**　　　单位：mm/d

处理	返青期	拔节期	分枝期	开花期	平均耗水强度
SF-1	1.84	1.97	2.21	1.90	1.98
SF-2	2.08	2.41	2.48	2.24	2.30
SF-3	2.04	2.35	2.37	2.20	2.24
SF-4	1.99	2.27	2.29	2.16	2.18
SF-5	2.14	2.58	2.63	2.45	2.45
SF-6	2.14	2.45	2.51	2.39	2.37
SF-7	1.94	2.22	2.24	2.12	2.13
SF-8	2.13	2.55	2.59	2.42	2.42

续表

处理	返青期	拔节期	分枝期	开花期	平均耗水强度
SF-9	2.12	2.43	2.48	2.35	2.35
CK	2.08	2.77	2.28	2.04	2.29

表 6.28　　**2018 年第一茬紫花苜蓿各生育期耗水强度**　　单位：mm/d

处理	返青期	拔节期	分枝期	开花期	平均耗水强度
SF-1	1.78	2.35	2.84	2.80	2.44
SF-2	1.89	2.48	2.97	2.87	2.55
SF-3	1.84	2.40	2.93	2.77	2.49
SF-4	1.99	2.49	2.88	2.78	2.53
SF-5	2.19	2.86	3.35	3.21	2.90
SF-6	2.12	2.71	3.22	3.11	2.79
SF-7	1.96	2.50	3.02	2.92	2.60
SF-8	2.03	2.60	3.19	3.08	2.73
SF-9	1.98	2.56	3.10	3.06	2.67
CK	2.01	2.53	2.97	2.85	2.59

表 6.29　　**2018 年第二茬紫花苜蓿各生育期耗水强度**　　单位：mm/d

处理	返青期	拔节期	分枝期	开花期	平均耗水强度
SF-1	2.15	2.93	3.02	2.98	2.77
SF-2	2.29	2.99	3.25	3.06	2.90
SF-3	2.21	2.94	3.10	3.02	2.82
SF-4	2.27	3.01	3.18	3.06	2.88
SF-5	2.79	3.32	3.82	3.70	3.41
SF-6	2.68	3.16	3.60	3.31	3.19
SF-7	2.40	3.15	3.34	3.22	3.03
SF-8	2.53	3.22	3.47	3.29	3.13
SF-9	2.48	3.19	3.43	3.26	3.09
CK	2.53	3.09	3.29	3.13	3.01

表 6.30　　**2018 年第三茬紫花苜蓿各生育期耗水强度**　　单位：mm/d

处理	返青期	拔节期	分枝期	开花期	平均耗水强度
SF-1	2.03	2.68	2.96	2.95	2.66
SF-2	2.15	2.89	3.11	2.96	2.78

续表

处理	返青期	拔节期	分枝期	开花期	平均耗水强度
SF-3	2.11	2.85	3.05	2.93	2.74
SF-4	2.21	2.99	3.12	3.03	2.84
SF-5	2.71	3.31	3.57	3.50	3.27
SF-6	2.59	3.11	3.49	3.25	3.11
SF-7	2.32	2.97	3.24	3.13	2.92
SF-8	2.42	3.14	3.34	3.20	3.03
SF-9	2.38	3.10	3.23	3.22	2.98
CK	2.39	3.03	3.20	2.91	2.88

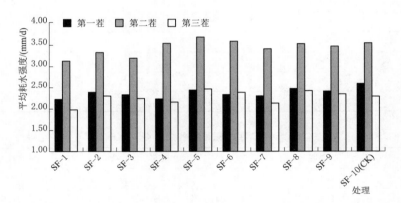

图 6.10　2017 年三茬紫花苜蓿平均耗水强度

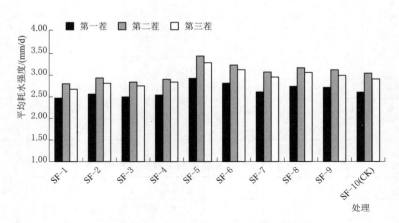

图 6.11　2018 年三茬紫花苜蓿平均耗水强度

6.2.6 不同水肥药配施对多年生牧草耗水模数的影响

2017 年和 2018 年不同水肥药配施下三茬紫花苜蓿各生育期的耗水模数分别见表 6.31～表 6.33 和表 6.34～表 6.36，由表 6.31～表 6.33 可知，紫花苜蓿各生育期耗水模数与耗水量总体变化保持一致，拔节期和分枝期较高，返青期和开花期相对比较低。这说明紫花苜蓿在拔节期和分枝期生长速度快，叶面蒸腾大，耗水量也就大。

表 6.31　　　　　　　　2017 年第一茬紫花苜蓿各生育期耗水模数　　　　　　　　　　%

处理	生 育 期			
	返青期	拔节期	分枝期	开花期
SF-1	24.44	24.59	28.72	22.25
SF-2	24.12	24.98	28.10	22.80
SF-3	24.42	25.46	28.45	21.67
SF-4	24.78	24.71	28.46	22.05
SF-5	24.16	24.35	28.47	23.03
SF-6	23.86	24.89	28.55	22.69
SF-7	25.07	24.67	28.28	21.97
SF-8	23.97	24.59	29.52	21.92
SF-9	24.62	24.93	28.73	21.71
CK	22.63	27.28	28.43	21.66

表 6.32　　　　　　　　2017 年第二茬紫花苜蓿各生育期耗水模数　　　　　　　　　　%

处理	生 育 期			
	返青期	拔节期	分枝期	开花期
SF-1	19.52	26.61	32.56	21.31
SF-2	20.81	27.20	31.26	20.74
SF-3	20.40	27.71	31.62	20.27
SF-4	22.72	26.76	29.93	20.59
SF-5	22.79	26.87	30.20	20.15
SF-6	22.93	27.04	29.85	20.18
SF-7	21.36	27.14	30.53	20.98
SF-8	21.61	27.02	30.63	20.74
SF-9	21.53	26.93	30.88	20.65
CK	23.94	26.89	30.85	18.32

表 6.33　　　　　　　　2017 年第三茬紫花苜蓿各生育期耗水模数　　　　　　　%

处理	生　育　期			
	返青期	拔节期	分枝期	开花期
SF－1	22.19	25.17	28.36	24.28
SF－2	21.51	26.56	27.31	24.62
SF－3	21.73	26.55	26.82	24.90
SF－4	21.79	26.36	26.68	25.17
SF－5	20.82	26.64	27.23	25.31
SF－6	21.53	26.16	26.80	25.50
SF－7	21.71	26.44	26.61	25.25
SF－8	20.95	26.66	27.08	25.31
SF－9	21.58	26.25	26.77	25.40
CK	21.60	30.62	25.21	22.57

表 6.34　　　　　　　　2018 年第一茬紫花苜蓿各生育期耗水模数　　　　　　　%

处理	生　育　期			
	返青期	拔节期	分枝期	开花期
SF－1	18.25	24.04	30.99	26.72
SF－2	18.50	24.31	30.95	26.23
SF－3	18.46	24.12	31.42	26.00
SF－4	19.57	24.57	30.28	25.58
SF－5	18.87	24.60	30.72	25.81
SF－6	18.99	24.25	30.74	26.02
SF－7	18.84	24.06	30.90	26.20
SF－8	18.60	23.86	31.18	26.36
SF－9	18.53	23.91	30.87	26.69
CK	19.40	24.43	30.54	25.63

表 6.35　　　　　　　　2018 年第二茬紫花苜蓿各生育期耗水模数　　　　　　　%

处理	生　育　期			
	返青期	拔节期	分枝期	开花期
SF－1	17.82	30.36	31.26	20.56
SF－2	18.10	29.59	32.17	20.14
SF－3	18.03	29.95	31.55	20.47
SF－4	18.03	29.99	31.67	20.31

续表

处理	生 育 期			
	返青期	拔节期	分枝期	开花期
SF - 5	18.88	28.07	32.22	20.84
SF - 6	19.30	28.46	32.41	19.82
SF - 7	18.16	29.86	31.66	20.31
SF - 8	18.57	29.50	31.84	20.10
SF - 9	18.40	29.60	31.82	20.18
CK	19.29	29.49	31.31	19.91

表 6.36　　　　　　2018 年第三茬紫花苜蓿各生育期耗水模数　　　　　　　%

处理	生 育 期			
	返青期	拔节期	分枝期	开花期
SF - 1	20.93	25.86	30.46	22.75
SF - 2	21.06	26.63	30.49	21.82
SF - 3	21.04	26.61	30.44	21.91
SF - 4	21.25	26.92	30.00	21.83
SF - 5	22.56	25.83	29.75	21.86
SF - 6	22.63	25.50	30.57	21.31
SF - 7	21.70	26.06	30.32	21.92
SF - 8	21.81	26.53	30.03	21.63
SF - 9	21.76	26.59	29.58	22.07
CK	22.56	26.77	30.11	20.56

6.2.7　不同水肥药配施条件下多年生牧草干草产量、水分生产率与耗水量的关系

为了使试验结果更加明显，本书以对照处理（CK）为基础，分别计算了 2017 年和 2018 年三茬紫花苜蓿各处理的耗水量、产量、水分生产率和增产率，计算结果见表 6.37～表 6.44 和图 6.12～图 6.15。

表 6.37　　　　　2017 年第一茬紫花苜蓿总耗水量、产量、
水分生产率和增产率

处理	总耗水量/mm	产量/（kg/hm²）	水分生产率/（kg/m³）	增产率/%
SF - 1	130.42	2701.35	2.07	4.85
SF - 2	140.42	3201.60	2.28	24.27

续表

处理	总耗水量/mm	产量/（kg/hm²）	水分生产率/（kg/m³）	增产率/%
SF－3	136.71	3076.54	2.25	19.42
SF－4	130.29	3026.51	2.32	17.48
SF－5	142.36	3326.66	2.34	29.13
SF－6	138.24	3226.61	2.33	25.24
SF－7	135.24	2801.40	2.07	8.74
SF－8	145.78	3076.54	2.11	19.42
SF－9	141.13	2976.49	2.11	15.53
CK	153.11	2576.29	1.68	0.00

表 6.38　　　　2017 年第二茬紫花苜蓿总耗水量、产量、水分生产率和增产率

处理	总耗水量/mm	产量/（kg/hm²）	水分生产率/（kg/m³）	增产率/%
SF－1	143.19	4077.04	2.85	15.60
SF－2	150.68	4752.38	3.15	34.75
SF－3	147.27	4627.31	3.14	31.21
SF－4	161.88	5152.58	3.18	46.10
SF－5	167.33	5352.68	3.20	51.77
SF－6	164.82	5252.63	3.19	48.94
SF－7	156.23	4802.40	3.07	36.17
SF－8	161.94	5027.51	3.10	42.55
SF－9	159.48	4927.46	3.09	39.72
CK	163.95	3526.76	2.15	0.00

表 6.39　　　　2017 年第三茬紫花苜蓿总耗水量、产量、水分生产率和增产率

处理	总耗水量/mm	产量/（kg/hm²）	水分生产率/（kg/m³）	增产率/%
SF－1	132.73	3351.68	2.52	9.84
SF－2	154.47	4127.06	2.67	35.25
SF－3	150.33	3951.98	2.63	29.51
SF－4	146.09	3801.90	2.60	24.59
SF－5	164.39	4352.18	2.65	42.62
SF－6	159.27	4177.09	2.62	36.89

处理	总耗水量/mm	产量/（kg/hm²）	水分生产率/（kg/m³）	增产率/%
SF－7	142.94	3676.84	2.57	20.49
SF－8	162.6	4227.11	2.60	38.52
SF－9	157.44	4077.04	2.59	33.61
CK	153.73	3051.53	1.98	0.00

表 6.40　　　　2017 年三茬紫花苜蓿总耗水量、总产量、
平均水分生产率和增产率

处理	总耗水量/mm	总产量/（kg/hm²）	平均水分生产率/（kg/m³）	增产率/%
SF－1	406.34	10130.06	2.49	10.66
SF－2	445.57	12081.04	2.71	31.97
SF－3	434.31	11655.83	2.68	27.32
SF－4	438.26	11980.99	2.73	30.87
SF－5	474.08	13031.51	2.75	42.35
SF－6	462.33	12656.33	2.74	38.25
SF－7	434.41	11280.64	2.60	23.22
SF－8	470.32	12331.16	2.62	34.70
SF－9	458.05	11980.99	2.61	30.87
CK	470.79	9154.58	1.94	0.00

表 6.41　　　　2018 年第一茬紫花苜蓿总耗水量、产量、
水分生产率和增产率

处理	总耗水量/mm	产量/（kg/hm²）	水分生产率/（kg/m³）	增产率/%
SF－1	146.69	3793.56	2.58	－9.54
SF－2	153.32	4127.06	2.69	－1.59
SF－3	149.28	3968.65	2.66	－5.37
SF－4	152.19	4352.18	2.86	3.78
SF－5	174.26	5044.19	2.89	20.28
SF－6	167.44	4660.66	2.78	11.13
SF－7	156.14	4268.80	2.73	1.79
SF－8	163.68	4527.26	2.76	7.95
SF－9	160.53	4427.21	2.76	5.57
CK	155.43	4193.76	2.70	0.00

表 6.42　　　　　　　2018 年第二茬紫花苜蓿总耗水量、产量、

水分生产率和增产率

处理	总耗水量/mm	产量/ (kg/hm²)	水分生产率/ (kg/m³)	增产率/%
SF - 1	144.97	4777.39	3.29	-4.02
SF - 2	151.68	5210.94	3.43	4.69
SF - 3	147.27	5052.53	3.43	1.51
SF - 4	150.78	5436.05	3.60	9.21
SF - 5	177.63	6586.63	3.71	32.33
SF - 6	166.77	6269.80	3.76	25.96
SF - 7	158.39	5902.95	3.72	18.59
SF - 8	163.62	6086.38	3.72	22.28
SF - 9	161.67	5869.60	3.63	17.92
CK	157.37	4977.49	3.16	0.00

表 6.43　　　　　　　2018 年第三茬紫花苜蓿总耗水量、产量、

水分生产率和增产率

处理	总耗水量/mm	产量/ (kg/hm²)	水分生产率/ (kg/m³)	增产率/%
SF - 1	155.5	4493.91	2.89	-4.09
SF - 2	163.03	4960.81	3.04	5.87
SF - 3	160.51	4902.45	3.05	4.63
SF - 4	166.44	5219.28	3.13	11.39
SF - 5	192.05	6119.73	3.18	30.60
SF - 6	182.92	5969.65	3.26	27.40
SF - 7	171.10	5494.41	3.21	17.26
SF - 8	177.74	5652.83	3.18	20.64
SF - 9	174.96	5527.76	3.16	17.97
CK	169.83	4685.68	2.76	0.00

表 6.44　　　　　　　2018 年三茬紫花苜蓿总耗水量、总产量、

平均水分生产率和增产率

处理	总耗水量/mm	总产量/ (kg/hm²)	平均水分生产率/ (kg/m³)	增产率/%
SF - 1	447.16	13064.86	2.92	-5.72
SF - 2	468.03	14298.81	3.05	3.19
SF - 3	457.06	13923.63	3.04	0.48
SF - 4	469.41	15007.50	3.20	8.30

处理	总耗水量/mm	总产量/（kg/hm²）	平均水分生产率/（kg/m³）	增产率/%
SF-5	543.94	17750.54	3.26	28.10
SF-6	517.13	16900.11	3.27	21.96
SF-7	485.63	15666.16	3.22	13.06
SF-8	505.04	16266.46	3.22	17.39
SF-9	497.16	15824.58	3.18	14.20
CK	482.63	13856.93	2.87	0.00

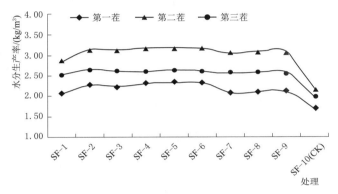

图 6.12　2017 年紫花苜蓿不同处理水分生产率曲线

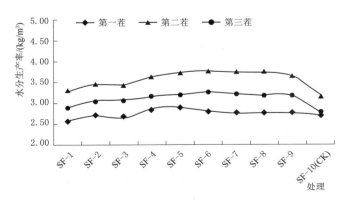

图 6.13　2018 年紫花苜蓿不同处理水分生产率曲线

由表 6.37～表 6.40 可知，2017 年紫花苜蓿的水分生产率为 1.68～3.20kg/m³，增产率为 4.85%～51.77%，处理 SF-5 第二茬水分生产率和增产率最高，分别为 3.20kg/m³ 和 51.77%，并且水分生产率、增产率均为第二茬＞第三茬＞第一茬，第一茬紫花苜蓿对照处理（CK）的产量和水分生产率最小，分别为 2576.29kg/hm² 和 1.68kg/m³；处理 SF-5 的产量和水分生产率最大，分别为 3326.66kg/hm² 和 2.34kg/m³，产量和水分生产率分别提高 29.13％和 38.88％；相比于对照处理（CK），不同水肥施配处理下，紫花苜蓿增产率为 4.85％～29.13％，增产效果明显，第二、第三茬紫花苜蓿有类似的结果。

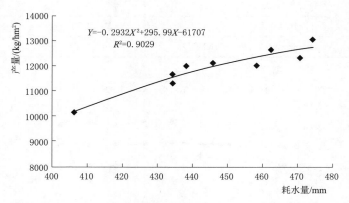

图 6.14　2017 年紫花苜蓿干草产量与耗水量关系曲线

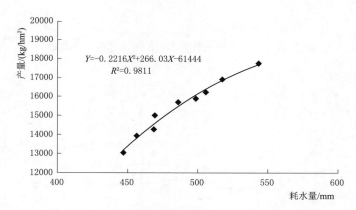

图 6.15　2018 年紫花苜蓿干草产量与耗水量关系曲线

由表 6.41～表 6.44 可知，2018 年紫花苜蓿水分生产率为 2.58～3.76kg/m³，增产率最高达 32.33％，处理 SF-6 第二茬紫花苜蓿的水分生产率最大，为 3.76kg/m³；处理 5 第二茬紫花苜蓿增产率最大，为 32.33％，并且水分生产率、增产率均为第二茬＞第三茬＞第一茬，第一茬紫花苜蓿处理 SF-1 的产量和水分生产率最小，分别为 3793.56kg/hm² 和 2.58kg/m³，处理 SF-5 的产量和水分生产率最大，分别为 5044.19kg/hm² 和 2.89kg/m³，*产量和水分*

生产率分别提高 20.28％和 7.28％，相比于对照处理（CK），不同水肥施配处理下，紫花苜蓿增产率最高达 32.33％，增产效果明显，第二、第三茬紫花苜蓿有类似的结果。

在相同的水分处理下，中施肥处理紫花苜蓿的干草产量和水分生产率最大；在相同的施肥处理下，中水分处理紫花苜蓿的干草产量和水分生产率最大；随着水分或施肥的增加，产量和水分生产率均呈现"报酬递减"现象，即当产量和水分生产率达到峰值之后，如继续增大水分或增大施肥，产量和水分生产率不增反降，并且相同水分处理条件下增施一定的肥料，紫花苜蓿的增产效果明显。

图 6.14 和图 6.15 分别为 2017 年、2018 年紫花苜蓿干草产量 Y 与整个生育期总耗水量 X 的关系曲线。由图 6.14 和图 6.15 可知，二者之间呈现良好的抛物线关系，其回归方程为

$$Y = aX^2 + bX + c \tag{6.8}$$

式中：a、b、c 为回归系数；Y 为紫花苜蓿干草产量；X 为紫花苜蓿总耗水量。

对图 6.14 中各点进行拟合，得

$$Y = -0.2932X^2 + 295.99X - 61707, \quad R^2 = 0.9029 \tag{6.9}$$

对式（6.9）进行求导，令导数为 0，求得当耗水量为 505mm 时，对应的最高产草量为 12995kg/hm²。

对图 6.15 中各点进行拟合，得

$$Y = -0.2216X^2 + 266.03X - 61444, \quad R^2 = 0.9811 \tag{6.10}$$

对式（6.10）进行求导，令导数为 0，求得当耗水量为 600mm 时，对应的最高产草量为 18398kg/hm²。

6.3　地下滴灌紫花苜蓿需水量和需水规律研究

作物需水量从理论上讲是指生长在大面积农田上的无病虫害作物群体，当土壤水分和肥力适宜时，在给定的生长环境中正常生长发育，并能取得高产潜力值的条件下，植株蒸腾、棵间土壤蒸发、植株体含水量与消耗于植株光合作用等生理过程所需水量之和。通常状况下后两项相对于植株蒸腾和棵间土壤蒸发的数量很少（小于总耗水量的 1％），可忽略不计。作物需水量不仅与作物品种、作物生育阶段有关，而且与气候因子以及土壤因素有关。本节鉴于参考作物蒸发蒸腾量以及单、双作物系数法对地下滴灌紫花苜蓿需水量和需水规律进行研究，以期为关键技术参数和灌溉制度的制定以及田间管理决策提供技术支撑。

6.3.1　参考作物蒸发蒸腾量

参考作物蒸发蒸腾量是指在不缺水情况下的参照面作物蒸发蒸腾量，记作 ET_0，本书采用 FAO – 56 推荐的 Penman – Monteith 法计算 ET_0：

$$ET_0 = \frac{0.408\Delta\ (R_n - G)\ + \gamma\ \dfrac{900}{T + 273} u_2\ (e_s - e_a)}{\Delta + \gamma\ (1 + 0.34 u_2)} \tag{6.11}$$

式中：ET_0 为参考作为蒸发蒸腾量，mm/d；R_n 为作物表面上的净辐射，MJ/（m² · d）；G 为土壤热通量，MJ/（m² · d）；T 为 2m 高处的日平均气温，℃；u_2 为 2m 高处的风速，m/s；e_s 为饱和水汽压，kPa；e_a 为实际水汽压，kPa；Δ 为饱和水汽压曲线的倾率；γ 为湿度计常数，kPa/℃。

6.3.2　作物系数法计算作物需水量

1. 单作物系数法

单作物系数法是把作物蒸腾和土壤蒸发的影响结合到单作物系数 K_c 里。作物系数 K_c 把作物各种特征和土壤蒸发的平均影响协调在一起：

$$ET_c = K_c ET_0 \tag{6.12}$$

FAO – 56 中可查到某种作物在标准条件下的作物系数。标准条件是指无病虫害、具有最优水土条件、施肥量适宜，在给定气候条件下能获全收成的大面积作物系数。FAO – 56 建议把作物的生育周期划分为 4 个阶段：生长初期、发育期、生长中期和生长后期。从 FAO – 56 中查得紫花苜蓿的不同生育期作物系数分别为：$K_{cini} = 0.40$，$K_{cmid} = 1.20$，$K_{cend} = 1.15$。

由于试验区水土与气候等条件与标准条件下有所不同，因此需要修正 FAO – 56 推荐的作物系数。在生长初期，$ET_0 = 3.09\text{mm/d}$，从 FAO 中可得修正后的作物系数为 $K_{cini} = 0.42$，推荐的 K_{cmid} 和 K_{cend} 需要按下式进行修正：

$$K_{cmid} = K_{cmid(\text{推荐})} + [0.04 \times\ (u_2 - 2) - 0.004 \times\ (RH_{min} - 45)]\ \left(\frac{h}{3}\right)^{0.3}$$

$$\tag{6.13}$$

$$K_{cend} = K_{cend(\text{推荐})} + [0.04 \times\ (u_2 - 2) - 0.004 \times\ (RH_{min} - 45)]\ \left(\frac{h}{3}\right)^{0.3}$$

$$\tag{6.14}$$

式中：u_2 为作物生长中、后期 2m 高处的日平均风速，m/s；RH_{min} 为作物生长中、后期的日最小相对湿度，%；h 为作物生长中、后期的平均株高，m。

2. 双作物系数法

双作物系数法是把 K_c 分成两个部分，一个是表征作物蒸腾的基础作物系

数（K_{cb}），另一个是表征土壤蒸发的系数（K_e），因此有

$$ET_c = (K_{cb} + K_e) ET_0 \tag{6.15}$$

FAO-56 推荐的紫花苜蓿各阶段的基础作物系数分别为 $K_{cb\,ini} = 0.30$，$K_{cb\,mid} = 1.15$，$K_{cb\,end} = 1.10$。当中、后期的最小相对湿度的平均值 $RH_{min} \neq 45\%$，2m 高处的日平均风速 $u_2 \neq 2.0 \text{m/s}$，并且 $K_{cb\,end} \geqslant 0.45$ 时，推荐的 $K_{cb\,mid}$ 和 $K_{cb\,end}$ 需要按下式进行修正：

$$K_{cb} = K_{cb(推荐)} + \left[0.04 \times (u_2 - 2) - 0.004 \times (RH_{min} - 45)\right]\left(\frac{h}{3}\right)^{0.3} \tag{6.16}$$

式中：u_2 为作物生长中、后期 2m 高处的日平均风速，m/s；RH_{min} 为作物生长中、后期的日最小相对湿度，%；h 为作物生长中、后期的平均株高，m。

土壤蒸发系数（K_e）是用来描述 ET_c 中的土壤蒸发部分，当土壤表面由于降雨或者灌溉较湿润时，K_e 达到最大；当土壤表面干燥时，由于土壤表面没有可用于蒸发的水分，K_e 值很小甚至为 0。K_e 值用以下公式计算：

$$K_e = K_r (K_{c\max} - K_{cb}) \leqslant f_{ew} K_{c\max} \tag{6.17}$$

$$K_{c\max} = \max\left[\left\{1.2 + \left[0.04 \times (u_2 - 2) - 0.004 \times (RH_{min} - 45)\right]\left(\frac{h}{3}\right)^{0.3}\right\},\right.$$

$$\left.(K_{cb} + 0.05)\right] \tag{6.18}$$

式中：$K_{c\max}$ 为任何种有作物地表的腾发的上限；K_r 为土壤蒸发减小系数；f_{ew} 为裸露与湿润土壤表面的比值。

f_{ew} 可用下式计算：

$$f_{ew} = \min (1 - f_c, f_w) \tag{6.19}$$

式中：$1 - f_c$ 为裸露土壤的平均比值，即没有作物覆盖的地表面积占总面积的比例；f_w 为降雨或灌溉时湿润的土壤面积占总面积的比例，对降雨来说 $f_w = 1$，本滴灌试验条件下观测到的平均湿润面积为 0.8，考虑植物冠层的遮蔽影响，f_w 需折减 $\left(1 - \frac{2}{3} f_c\right)$ 倍。

土壤蒸发减小系数 K_r 随着蒸发水量增加而下降，分为两个阶段：能量限制阶段和蒸发递减阶段。在第一阶段，K_r 为 1；第二阶段，K_r 按下式计算：

$$K_r = \frac{TEW - D_{e,i-1}}{TEW - REW} \tag{6.20}$$

$$TEW = 1000 (\theta_{FC} - 0.5\theta_{WP}) Z_e \tag{6.21}$$

式中：TEW 为表层土壤在完全湿润时可供蒸发水量的最大深度，mm，取 10mm；REW 为第一阶段末的蒸发累计深度，mm，取 6mm；$D_{e,i-1}$ 为计算前一天末土壤表层蒸发量的累积深度，mm；θ_{FC} 为田间持水率，m^3/m^3；θ_{WP}

为凋萎含水率，m^3/m^3；Z_e 为蒸发深度，一般取 $0.10\sim0.15m$，本书取 $0.10m$。

作物覆盖的土壤面积比 f_c 随作物叶面积指数增加而上升，在没有实测资料时可用下式进行计算：

$$f_c = \left(\frac{K_{cb} - K_{c\min}}{K_{c\max} - K_{c\min}}\right)^{(1+0.5h)} \tag{6.22}$$

式中：$K_{c\min}$ 为没有地表覆盖的干燥土壤的最小作物系数，一般取 $0.15\sim$ 0.20，本书取 0.15。

6.3.3　紫花苜蓿需水量和需水规律

图 6.16 为用单、双作物系数法计算出的地下滴灌紫花苜蓿 ET_c 与田间实测值在全生育期的逐日变化过程（图中 P+I 表示的是降雨和灌溉）。从图 6.16 中可以看出，紫花苜蓿全生育期的作物需水量很不均衡，第二茬（全生育期 59～108 天）紫花苜蓿需水量最大，第一茬（全生育期 1～58 天）和第三茬（全生育期 109～183 天）需水量相对较小，但两者相差不大。将计算出的 ET_c 与实测值进行比较发现，全生育期大多数情况下用双作物系数法计算出的紫花苜蓿 ET_c 值和实测值比较接近，变化趋势也相同，而用单作物系数法计算出的紫花苜蓿 ET_c 值和实测值存在一定的偏差。由于实测值会受偶然因素的干扰，图中个别实测值与计算值相比波动较大，计算值则比较稳定。在生长初期，用单、双作物系数法计算的 ET_c 值比实测值稍低；在其他三个生长阶段，计算的 ET_c 值和实测值很接近，特别是在发育期和生长中期，用双作物系数法计算的 ET_c 值与实测值吻合得更好。

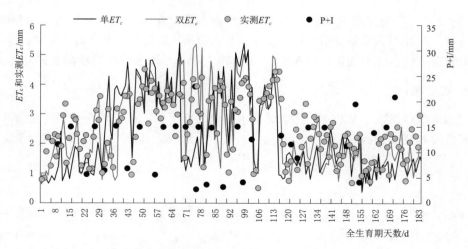

图 6.16　紫花苜蓿全生育期单、双作物系数计算的 ET_c 与实测 ET_c

表 6.45 为修正后单、双作物系数法计算的紫花苜蓿需水量及其与实测值比较表。从表中可以看出，用双作物系数法比单作物系数法得出的作物需水量更加接近实测值，第一茬、第二茬和第三茬的绝对偏差分别是 6.71mm、−3.05mm 和 3.73mm，相对偏差分别为 4.72%、−1.82% 和 2.51%，而用单作物系数法计算出来的作物需水量与实测值相比偏差相对较大，从全生育期来讲，用双作物系数法计算出来的 ET_c 值更加接近田间实测值，这与第 4 章计算出来的全生育期紫花苜蓿的耗水量相差不大，说明双作物系数法可以更好地描述地下滴灌紫花苜蓿降雨或者灌溉后 ET_c 的变化。

表 6.45   修正后单、双作物系数法计算的紫花苜蓿需水量
及其与实测值比较表

生育阶段	单 作 物 系 数 法				双 作 物 系 数 法			
	计算值/mm	实测值/mm	ΔET_c/mm	R/%	计算值/mm	实测值/mm	ΔET_c/mm	R/%
第一茬 (1~58 天)	153.47	142.25	11.22	7.89	148.96	142.25	6.71	4.72
第二茬 (59~108 天)	161.29	167.43	−6.14	−3.67	164.38	167.43	−3.05	−1.82
第三茬 (109~183 天)	158.82	148.58	10.24	6.89	152.31	148.58	3.73	2.51
全生育期	473.58	458.26	15.32	3.34	465.65	458.26	7.39	1.61

根据地下滴灌紫花苜蓿耗水量的计算结果以及耗水规律的分析，结合本节采用 Penman - Monteith 公式以及单、双作物系数法对地下滴灌紫花苜蓿需水量的计算结果，确定了研究区地下滴灌紫花苜蓿全生育期的作物需水量约为460mm，其中第二茬作物需水量最大，第一茬和第三茬作物需水量较小，但两者相差不大。

6.4 多年生牧草地下滴灌水肥药一体化技术模式

6.4.1 技术集成原理、方法和内容

（1）集成原理。将灌水技术、施肥施药技术、农艺技术、农机技术、管理技术有机组合，形成紫花苜蓿地下滴灌水肥药一体化技术集成模式。在紫花苜蓿灌溉单元内通过统一整地、统一播种、统一灌水、统一施肥、统一病虫害防治的管理，实现规范化、标准化作业，提高节水增产效益。

（2）集成方法。研究筛选出紫花苜蓿地下滴灌条件下适宜的灌水技术参

数、灌水施肥施药技术、农艺农机化配套技术、管理技术，进行优化组合与相互配套，形成统一的、规范化、标准化的作业模式，即紫花苜蓿地下滴灌＋农艺技术＋农机技术＋管理技术＝紫花苜蓿地下滴灌水肥药一体化技术集成模式。

（3）集成内容。紫花苜蓿地下滴灌水肥药一体化技术主要集成内容包括：地下滴灌关键技术参数、紫花苜蓿控水技术、紫花苜蓿控肥技术、紫花苜蓿控药技术、紫花苜蓿种植农机配套技术、紫花苜蓿种植管理技术。

6.4.2　多年生牧草地下滴灌水肥药一体化技术集成模式图

水肥药一体化技术是将灌溉与施肥、施药融为一体的农业新技术。地下滴灌水肥药一体化技术是借助地下滴灌系统，将化肥和农药按土壤养分含量和作物种类的需求规律和特点，配兑成一定比例的肥液与药液，与灌溉水充分混合均匀后，以水肥药混合液的形式随灌溉水一起通过地下滴灌系统均匀、定时、定量地输送到作物根系生长发育区域，使作物主要根系土壤始终保持疏松和适宜的含水量，同时根据不同作物不同生长发育阶段的需肥需药规律以及土壤环境和养分含量状况，进行不同的水肥药需求设计，把水分、养分和农药定时定量、按比例直接提供给作物。

紫花苜蓿地下滴灌水肥药一体化技术内容主要包括紫花苜蓿地下滴灌控水技术、控肥技术、控药技术及配套农机技术与田间管理技术。多年生牧草地下滴灌水肥药一体化技术模式图（以紫花苜蓿为例）如图6.17所示。

（1）多年平均有效降雨量。图6.17中给出了该地区近30年紫花苜蓿生育期内各月多年平均有效降雨量，紫花苜蓿全生育期内多年平均有效降雨量为171.0mm。

（2）紫花苜蓿需水量。图6.17中给出了该地区紫花苜蓿生育期各月的需水量和总需水量，紫花苜蓿生育期需水量为409.5mm。

（3）紫花苜蓿生育期划分和主攻目标。图6.17中给出了该地区紫花苜蓿每年刈割3茬，生育期总天数约170天。每茬各生育阶段的主攻目标为①返青期：适时灌返青水，保证苜蓿返青率；②拔节期：适时追肥、喷药，防病虫害，促进苜蓿拔节；③分枝期：需水关键期，保证土壤适宜含水率，促进叶大、秆壮，提高干物质产量；④开花期：初花期刈割，保证适口性和品质。

（4）地下滴灌关键技术参数。

1）采用贴片式滴灌带，壁厚不小于0.4mm。

2）滴头流量不大于2.0L/h。

3）滴灌带埋设深度10～20cm。

4）滴头间距0.3m。

月份	4月			5月			6月			7月			8月			9月			全生育期
旬	上旬	中旬	下旬	上旬	中旬	下旬	上旬	中旬	下旬	上旬	中旬	下旬	上旬	中旬	下旬	上旬	中旬	下旬	
多年平均有效降雨量/mm		12.4			13.5			47.0			52.3			24.2			21.5		171.0
苜蓿需水量/mm		23.3			59.4			82.6			97.7			81.6			64.9		409.5
作物生育期	返青	拔节	分枝	开花	返青	拔节	分枝	开花	返青	拔节	分枝	开花							170天左右
		第一茬				第二茬				第三茬									
主攻目标	①返青期：适时灌水返青，保证苜蓿返青率；②拔节期：适时追肥，提高干物质含量；③分枝期：需水关键期，保证适宜土壤含水率，促进叶大、秆壮，提高干物质含量；④开花期：初花期收割，保证口性和品质																		
生育进程	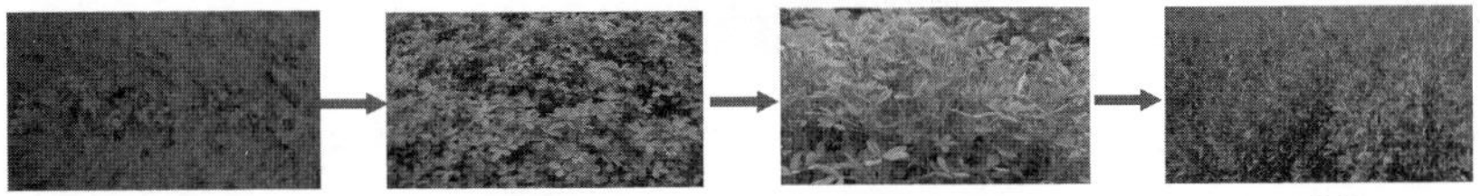 返青期(苗期)				拔节期				分枝期				开花期						
地下滴灌关键技术参数	①采用贴片式滴灌带，壁厚不小于0.4mm；②滴头流量不大于2.0L/h；③灌头埋设深度10～20cm；④滴头间距30cm；⑤滴灌带间距40～60cm；⑥滴灌带设长度60～80m；⑦滴灌工作压力8～10m																		
控水（一般年）	4月下旬灌水1次，13.3m³/亩；5月上旬和下旬各灌水1次，灌水量均为15m³/亩						6月中旬灌水1次，13.3m³/亩；6月下旬和7月中旬各灌水1次，灌水量均为15m³/亩						8月上旬灌水1次，13.3m³/亩；8月下旬和9月中旬各灌水1次，灌水量均为15m³/亩						灌水9次，合计灌水160m³/亩

图6.17（一）　多年生牧草地下滴灌水肥药一体化技术模式图

控水	干旱年	4 月下旬灌水 1 次，13.3m³/亩；5 月上旬、5 月下旬和 6 月上旬各灌水 1 次，灌水量均为 15m³/亩	6 月中旬灌水 1 次，13.3m³/亩；6 月下旬、7 月中旬和 7 月下旬各灌水 1 次，灌水量均为 15m³/亩	8 月上旬灌水 1 次，13.3m³/亩；8 月下旬、9 月中旬和 9 月下旬各灌水 1 次，灌水量均为 15m³/亩	灌水 12 次，合计灌水 220m³/亩
控肥		5 月上旬苜蓿第一茬拔节期结合滴灌追施尿素 5~8kg/亩	6 月下旬苜蓿第二茬拔节期结合滴灌追施尿素 5~8kg/亩，硝酸钾 3~5kg/亩	8 月下旬苜蓿第三茬拔节期结合滴灌追施尿素 5~8kg/亩，硝酸钾 3~5kg/亩	全年合计：尿素 15~24kg/亩，硝酸钾 6~10kg/亩
控药		①苜蓿的主要病害有苜蓿锈病，可用代森锰锌 0.20kg/hm²、50%二嗪农每亩 150~200g，80%西维因可湿性粉剂每亩 100g 进行药物防治；②苜蓿的主要虫害有苜蓿叶象虫，苜蓿蚜虫。苜蓿蚜虫可用 40%乐果乳油 1000~1500 倍液进行化学防治；③苜蓿除草可用苜蓿草每亩净草苗 100~133g/亩，每季作物使用一次			

水肥药一体化及配套农机技术	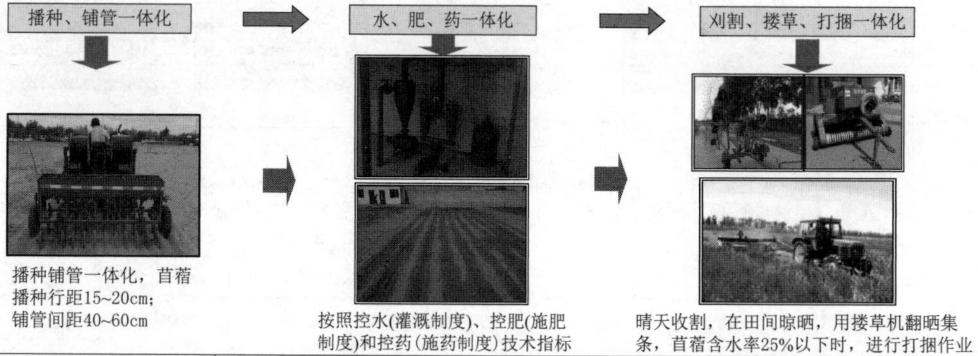 播种、铺管一体化	水、肥、药一体化	刈割、搂草、打捆一体化
	播种铺管一体化，苜蓿播种铺管行距 15~20cm；铺管间距 40~60cm	按照控水（灌溉制度）、控肥（施肥制度）和控药（施药制度）技术指标	

管理技术

①苜蓿可以从 5~8 月全年播种，早播当年可以收割 1 茬，晚播保证安全越冬即可；②苜蓿宜采用条播，播种量 1.0~1.5kg，播种深度 1.0~2.0cm，行距 15~20cm；③地埋滴灌实现苜蓿播种、铺管、施肥一体化；滴灌带埋深 10~20cm 为宜

①灌水前根据旱情检查水源井和滴灌首部的完好情况，做好灌水准备；②苜蓿每次收割后不要立即灌水，3~5 天后灌水较好；③收割后第 1 次灌水时结合滴灌按定额统一追肥；第 2 次灌水后施肥

①苜蓿刈割应选在初花期，在田间晾晒，用搂草机翻晒成条，苜蓿含水率 25%以下时，进行打捆作业；②苜蓿刈割留茬高度以 5~7cm 为宜，此时苜蓿的适口性最好，品质最高；③使用化学药物防治后，半月内不可放牧或刈割割晒制干草；④苜蓿收割后应均匀成堆，翻晒 1~2 次，含水量降至 25%时打捆；草块密度 300~400kg/m³；打捆重量 15~20kg/捆

图 6.17（二） 多年生牧草地下滴灌水肥药一体化技术模式图

5）滴灌带间距 40～60cm。

6）滴灌带布设长度 60～80m。

7）滴灌工作压力 0.08～0.1MPa。

（5）紫花苜蓿控水技术。该地区紫花苜蓿地下滴灌一般年份和干旱年份的推荐灌溉制度为：一般年份灌水 9～11 次，灌溉定额 160m³/亩；干旱年份灌水 12～14 次，灌溉定额 220m³/亩。

（6）紫花苜蓿控肥技术。紫花苜蓿施肥技术要点：5 月上旬苜蓿第一茬拔节期结合滴灌追施尿素 5～8kg/亩；6 月下旬苜蓿第二茬拔节期结合滴灌追施尿素 5～8kg/亩、硝酸钾 3～5kg/亩；8 月下旬苜蓿第三茬拔节期结合滴灌追施尿素 5～8kg/亩、硝酸钾 3～5kg/亩。全年合计：尿素 15～24kg/亩、硝酸钾 6～10kg/亩。

（7）紫花苜蓿控药技术。苜蓿的主要病害有苜蓿锈病，可用代森锰锌 0.20kg/km² 喷雾防治。苜蓿的主要虫害有苜蓿叶象虫、苜蓿蚜虫等。苜蓿叶象虫可用 50％二嗪农每亩 150～200g、80％西维因可湿性粉剂每亩 100g 进行药物防治；苜蓿蚜虫可用 40％乐果乳油 1000～1500 倍液进行化学防治。苜蓿除草可用苜草净每亩 100～133g，每季作物使用一次。

（8）产量结构。紫花苜蓿第一茬干草产量 220～280kg/亩；紫花苜蓿第二茬干草产量 200～250kg/亩；紫花苜蓿第三茬干草产量 180～250kg/亩。

（9）紫花苜蓿种植农机配套技术。紫花苜蓿种植农机配套技术要点：耕深 18～20cm，土地平整，达到播种作业要求；播种铺管一体化，苜蓿播种行距 15～20cm；铺管间距 60cm；晴天刈割，在田间晾晒，用搂草机翻晒集条。

（10）紫花苜蓿种植管理技术。紫花苜蓿种植管理技术要点：

1）苜蓿从 5—8 月全年播种，早播当年可以收割 1 茬，晚播保证安全越冬即可；苜蓿宜采用条播，亩播量 1.0～1.5kg，播种深度 1.0～2.0cm，行距 15～20cm；地下滴灌实现苜蓿播种、铺管、施肥一体化；滴灌带埋深 10～20cm 为宜。

2）灌水前提早检查水源井和滴灌首部的完好情况，做好灌水准备；苜蓿每次刈割后不要立即灌水，3～5 天后灌水较好；刈割后第 1 次灌水不要追肥，第 2 次灌水时结合滴灌按定额统一追肥。

3）苜蓿刈割应选在初花期，此时苜蓿的适口性最好、品质最高；苜蓿刈割留茬高度以 5～7cm 为宜；使用化学药物防治后，半月内不可放牧或刈割晒制干草；苜蓿刈割后应均匀摊开，翻晒 1～2 次，含水量降至 25％时打捆；打捆重量 15～20kg/捆；草块密度 300～400kg/m³。

6.5　小结

（1）地下滴灌条件下，拔节期和分枝期是紫花苜蓿需水的关键阶段。灌水定额越大，紫花苜蓿各生育期的耗水量越大，每茬紫花苜蓿各生育期的耗水量总体变化呈现先升高后降低的变化趋势，各生育期的耗水量关系是分枝期＞拔节期＞返青期＞开花期，每茬紫花苜蓿生育期耗水量在 130～180mm 之间变化，变幅较大，整个生育期的耗水量为 450～550mm。相同水分处理时，施肥量对各生育期的耗水量影响比较大，中施肥处理的耗水量＞高施肥处理的耗水量＞低施肥处理的耗水量，高施肥处理会抑制作物的生长，作物耗水量减少。

（2）紫花苜蓿的耗水强度随着灌水定额的增大呈现先增大后减小的趋势，三茬紫花苜蓿的平均耗水强度为第二茬＞第一茬＞第三茬，最大为 3.64mm/d，三茬紫花苜蓿各生育期的耗水强度均为分枝期＞拔节期＞开花期＞返青期，在相同水分处理下，随着施肥量的增大，紫花苜蓿的耗水强度也呈现先增大后减小的趋势，耗水强度中肥＞高肥＞低肥。

（3）产量对水量变化的敏感程度远高于对施肥量变化的敏感程度，不同水肥配施条件下，紫花苜蓿的水分生产率为 1.68～3.76kg/m^3，增产率为 4.85%～51.77%，水分生产率、增产率均为第二茬＞第三茬＞第一茬。紫花苜蓿全生育期总耗水量与产量之间呈现良好的抛物线关系，当耗水量为 500～600mm 时，对应的产草量最高，最高达 18398kg/hm^2。种植苜蓿推荐施氮（N）、磷（P$_2$O$_5$）和钾（K$_2$O）量分别为 60kg/hm^2、90kg/hm^2 和 120kg/hm^2。

（4）采用 Penman – Monteith 公式计算了试验区参考作物蒸发蒸腾量（ET_0），并对 FAO – 56 提供的作物系数进行修正，用单、双作物系数法分别对试验区地下滴灌紫花苜蓿的需水量进行了计算，并且与田间实测值进行比较后得出，地下滴灌紫花苜蓿全生育期的需水量约为 460mm，其中第二茬需水量较大，约占总需水量的 37%，第一茬和第三茬需水量较小，分别约占总需水量的 31% 和 32%；用双作物系数法计算的作物需水量更切合实际，特别是在返青期和生长中期，用双作物系数法计算的 ET_c 值与实测值吻合得更好，推荐采用双作物系数法计算该地区地下滴灌紫花苜蓿的作物需水量。

第7章 多年生牧草微纳米气泡水地下滴灌关键技术参数研究

土壤微生物是农田生态系统的重要组成部分，在土壤生化反应与有机质转化中具有重要作用，是参与土壤碳、氮、磷、硫等元素转化的主要驱动力，在农田生态系统中的物质循环和能量流动中起着决定作用。土壤酶是土壤中各种生化反应的催化剂，其活性是表征土壤熟化和肥力水平高低的重要指标，主要由土壤微生物和植物根系分泌，植物残体和土壤动物区系分解也可产生少量的土壤酶。土壤中腐殖质的形成，木质素、纤维素、糖类物质的分解，有机氮的矿化、硝化和反硝化等大部分反应都是在微生物和酶的共同作用下完成的。然而由于传统农业一般均存在大量灌水或施肥、少耕、机械化操作等现象，这些农事活动导致土壤紧实度增强、土壤孔隙度减小，在一定程度上阻碍了氧气、二氧化碳等气体在大气与土壤间的交换，造成土壤处于缺氧状态。土壤通气性的改变势必影响到土壤微生物数量和土壤酶活性。低氧胁迫下土壤动物及好氧性微生物活动减缓，土壤酶活性降低，进而影响土壤养分循环和作物对养分的利用，土壤中有机质分解缓慢，限制了土壤肥效的充分发挥。给土壤适当加气能有效解除土壤低氧胁迫，提高土壤导气率，改善土壤氧环境，使根系有氧呼吸顺利进行，提高植株水分利用效率，保障土壤微生物活动、提高土壤酶活性。

本书以紫花苜蓿为例，研究微纳米气泡水地下滴灌对多年生牧草根区土壤微环境的影响。

7.1 微纳米气泡水地下滴灌对多年生牧草根区土壤微环境的影响

7.1.1 对土壤酶活性的影响

1. 对过氧化氢酶活性的影响

过氧化氢酶（catalase），又称为接触酶，能够促进过氧化氢对各种化合物的氧化。过氧化氢广泛存在于生物体和土壤中，是由生物呼吸过程和有机物的生物化学氧化反应产生的,其对生物和土壤具有毒害作用。与此同时,在生物体和土壤中存有过氧化氢酶,能促进过氧化氢分解为水和氧($H_2O_2 \rightarrow H_2O + O_2$),从而降低过氧化氢的毒害作用。土壤中过氧化氢酶的测定是根据土壤(含有过氧化氢酶)和过氧化氢作用析出的氧气体积或过氧化氢的消耗量,测定过氧化氢的分解速度,以此代表过氧化氢酶的活性。

　　表 7.1 为微纳米气泡水地下滴灌对紫花苜蓿 2018 年各生育期过氧化氢酶活性的影响。由表 7.1 可知,分枝期过氧化氢酶活性最高,其次是拔节期和开花期,返青期最低。相同灌水定额条件下,随着微纳米气泡水溶氧量的增大,土壤中过氧化氢酶活性呈增大的趋势;相同微纳米气泡水溶氧量的条件下,随着灌水定额的增大,土壤中过氧化氢酶活性呈增大的趋势;不加气处理土壤中过氧化氢酶活性明显低于微纳米气泡水加气处理。WA-9 处理分枝期土壤中过氧化氢酶活性最高,为 20.94mL/g,WA-10 处理返青期土壤中过氧化氢酶活性最低,为 12.87mL/g。全生育期 WA-9 处理土壤过氧化氢酶活性均值最高,WA-1 处理最低,如图 7.1 所示。2019 年与 2020 年 WA-9 处理分枝期土壤过氧化氢酶活性最高,分别为 20.89mL/g、20.94mL/g,WA-10 处理返青期土壤过氧化氢酶活性最低,分别为 13.74mL/g、13.53mL/g,详见表 7.2 与图 7.2 以及表 7.3 与图 7.3。

表 7.1　微纳米气泡水地下滴灌对紫花苜蓿 2018 年各生育期过氧化氢酶活性的影响

处理	不同生育期土壤过氧化氢酶活性/（mL/g）				
	返青期	拔节期	分枝期	开花期	均值
WA-1	14.31±0.28	15.11±0.18	15.26±0.28	14.33±0.29	14.75
WA-2	15.72±0.38	16.42±0.40	16.60±0.35	15.74±0.32	16.12
WA-3	16.67±0.34	17.51±0.42	17.57±0.29	16.69±0.24	17.11
WA-4	15.99±0.28	16.69±0.30	16.92±0.28	16.01±0.33	16.40
WA-5	18.24±0.31	18.98±0.35	19.19±0.32	18.26±0.30	18.67
WA-6	19.26±0.48	20.05±0.34	20.28±0.37	19.28±0.50	19.72
WA-7	18.43±0.36	19.10±0.36	19.15±0.28	18.45±0.31	18.78
WA-8	19.96±0.27	20.47±0.12	20.88±0.29	19.98±0.31	20.32
WA-9	20.11±0.30	20.81±0.34	20.94±0.18	20.13±0.35	20.50
WA-10	12.87±0.15	13.56±0.18	13.82±0.12	13.14±0.29	13.35

表 7.2   微纳米气泡水地下滴灌对紫花苜蓿 2019 年各生育期
过氧化氢酶活性的影响

处理	不同生育期土壤过氧化氢酶活性/（mL/g）				
	返青期	拔节期	分枝期	开花期	均值
WA-1	14.29±0.25	14.91±0.21	15.21±0.23	14.30±0.24	14.68
WA-2	15.68±0.36	16.39±0.39	16.55±0.34	15.70±0.29	16.08
WA-3	16.65±0.36	17.49±0.45	17.52±0.36	16.66±0.27	17.08
WA-4	15.94±0.33	16.66±0.33	16.87±0.34	15.97±0.35	16.36
WA-5	18.24±0.31	18.94±0.41	19.14±0.40	18.22±0.34	18.64
WA-6	19.27±0.46	20.03±0.36	20.23±0.43	19.24±0.53	19.69
WA-7	18.44±0.33	19.07±0.40	19.10±0.34	18.41±0.34	18.76
WA-8	19.97±0.27	20.38±0.24	20.83±0.35	19.96±0.33	20.29
WA-9	20.15±0.36	20.79±0.32	20.89±0.12	20.09±0.29	20.48
WA-10	13.74±0.17	14.42±0.23	14.66±0.19	14.09±0.22	14.23

表 7.3   微纳米气泡水地下滴灌对紫花苜蓿 2020 年各生育期
过氧化氢酶活性的影响

处理	不同生育期土壤过氧化氢酶活性/（mL/g）				
	返青期	拔节期	分枝期	开花期	均值
WA-1	14.09±0.20	14.79±0.35	15.26±0.28	14.19±0.10	14.58
WA-2	15.47±0.40	16.28±0.38	16.60±0.35	15.59±0.23	15.99
WA-3	16.45±0.63	17.38±0.61	17.57±0.29	16.55±0.43	16.99
WA-4	15.74±0.60	16.55±0.47	16.92±0.28	15.86±0.46	16.27
WA-5	18.04±0.60	18.82±0.57	19.19±0.32	18.11±0.48	18.54
WA-6	19.07±0.72	19.92±0.49	20.28±0.37	19.13±0.66	19.60
WA-7	18.24±0.62	18.95±0.56	19.15±0.41	18.30±0.51	18.66
WA-8	19.76±0.53	20.26±0.40	20.88±0.29	19.85±0.44	20.19
WA-9	19.94±0.12	20.68±0.17	20.94±0.18	19.98±0.12	20.39
WA-10	13.53±0.46	14.30±0.38	14.71±0.12	13.98±0.35	14.13

2. 对脲酶活性的影响

脲酶存在于大多数细菌、真菌和高等植物里。它是一种酰胺酶，作用是极
为专性的，它仅能将尿素水解为氨、二氧化碳和水。因此，常用土壤脲酶活性
来表征土壤的氮素营养状况。

表 7.4 为微纳米气泡水地下滴灌对紫花苜蓿 2018 年各生育期脲酶活性的影

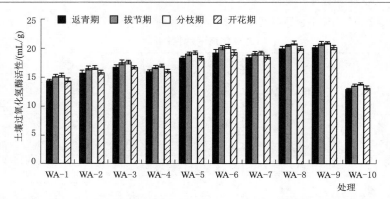

图 7.1　微纳米气泡水地下滴灌对紫花苜蓿 2018 年各生育期过氧化氢酶活性的影响

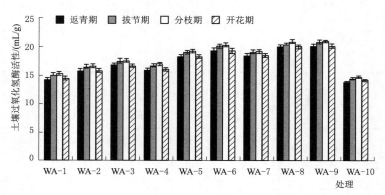

图 7.2　微纳米气泡水地下滴灌对紫花苜蓿 2019 年各生育期过氧化氢酶活性的影响

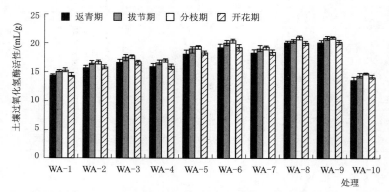

图 7.3　微纳米气泡水地下滴灌对紫花苜蓿 2020 年各生育期过氧化氢酶活性的影响

响。从表 7.4 可知，各生育期土壤脲酶活性变化趋势与过氧化氢酶活性相同，分枝期脲酶活性最高，其次是拔节期和开花期，返青期最低。相同灌水定额条件下，随着微纳米气泡水溶氧量的增大，土壤脲酶活性呈增大的趋势；相同微纳米气泡水溶氧量的条件下，随着灌水定额的增大，土壤脲酶活性呈增大的趋势；不加气处理的土壤脲酶活性明显低于微纳米气泡水加气处理。WA-9 处理分枝期土壤脲酶活性最高，为16.79mg/（g•d），WA-10 处理返青期土壤中脲酶活性最低，为8.65mg/（g•d）。全生育期，WA-9 处理土壤脲酶活性均值最高，WA-1 处理最低，如图 7.4 所示。

表 7.4　　微纳米气泡水地下滴灌对紫花苜蓿 2018 年各生育期
脲酶活性的影响

处理	不同生育期土壤脲酶活性/［mg/（g•d）］				
	返青期	拔节期	分枝期	开花期	均值
WA-1	9.19±0.15	9.74±0.15	10.17±0.13	9.49±0.13	9.65
WA-2	9.71±0.12	10.13±0.11	10.79±0.15	9.87±0.09	10.13
WA-3	10.48±0.18	10.97±0.14	11.46±0.12	10.52±0.13	10.86
WA-4	11.09±0.14	11.99±0.13	12.07±0.18	11.30±0.11	11.61
WA-5	12.19±0.17	12.68±0.12	13.17±0.12	12.39±0.19	12.61
WA-6	13.11±0.16	13.62±0.17	13.98±0.17	13.52±0.18	13.56
WA-7	14.35±0.15	14.80±0.16	15.35±0.10	14.58±0.10	14.77
WA-8	15.19±0.17	15.67±0.13	16.16±0.14	15.31±0.16	15.58
WA-9	15.82±0.10	16.10±0.11	16.79±0.18	16.03±0.11	16.19
WA-10	8.65±0.09	9.03±0.06	9.63±0.05	8.81±0.07	9.03

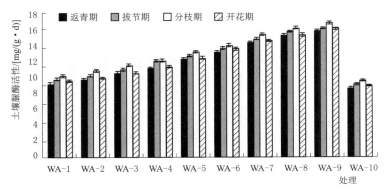

图 7.4　微纳米气泡水地下滴灌对紫花苜蓿 2018 年各生育期脲酶活性的影响

表 7.5 为微纳米气泡水地下滴灌对紫花苜蓿 2019 年各生育期脲酶活性的影响。从表中可知，各生育期土壤脲酶活性变化趋势与过氧化氢酶活性相同，

分枝期脲酶活性最高，其次是拔节期和开花期，返青期最低。相同灌水定额条件下，随着微纳米气泡水溶氧量的增大，土壤中脲酶活性呈增大的趋势；相同微纳米气泡水溶氧量的条件下，随着灌水定额的增大，土壤中脲酶活性呈增大的趋势；不加气处理的土壤脲酶活性明显低于微纳米气泡水加气处理。WA－9 处理分枝期土壤脲酶活性最高，为 16.74mg/（g·d），WA－10 处理返青期土壤脲酶活性最低，为 9.07mg/（g·d）。全生育期，WA－9 处理土壤脲酶活性均值最高，WA－1 处理最低，如图 7.5 所示。

表 7.5　　　　　微纳米气泡水地下滴灌对紫花苜蓿 2019 年各生育期
脲酶活性的影响

处理	不同生育期土壤脲酶活性/［mg/（g·d）］				
	返青期	拔节期	分枝期	开花期	均值
WA－1	9.12±0.25	9.64±0.12	10.11±0.19	9.45±0.18	9.58
WA－2	9.64±0.21	10.03±0.08	10.74±0.12	9.83±0.15	10.06
WA－3	10.41±0.27	10.86±0.06	11.40±0.19	10.48±0.17	10.79
WA－4	11.02±0.07	11.89±0.05	12.01±0.10	11.25±0.06	11.54
WA－5	12.12±0.27	12.57±0.04	13.11±0.20	12.35±0.25	12.54
WA－6	13.04±0.11	13.51±0.05	13.93±0.17	13.48±0.21	13.49
WA－7	14.28±0.23	14.69±0.10	15.30±0.17	14.54±0.13	14.70
WA－8	15.12±0.27	15.57±0.06	16.11±0.21	15.27±0.21	15.52
WA－9	15.75±0.07	16.00±0.11	16.74±0.14	15.98±0.07	16.12
WA－10	9.07±0.19	9.41±0.10	10.06±0.11	9.25±0.13	9.45

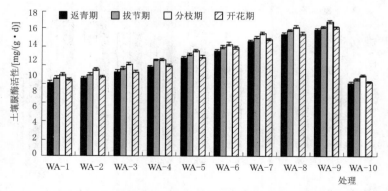

图 7.5　微纳米气泡水地下滴灌对紫花苜蓿 2019 年各生育期脲酶活性的影响

微纳米气泡水地下滴灌对紫花苜蓿 2020 年各生育期脲酶活性的影响表现出相似的研究结论，WA－9 处理分枝期土壤脲酶活性最高，为 16.77mg/（g·d），

WA-10 处理返青期土壤脲酶活性最低，为 9.12mg/（g·d）。全生育期，WA-9 处理土壤脲酶活性均值最高，WA-1 处理最低，见表 7.6 与图 7.6。

表 7.6　　微纳米气泡水地下滴灌对紫花苜蓿 2020 年各生育期脲酶活性的影响

处理	不同生育期土壤脲酶活性/［mg/（g·d）］				
	返青期	拔节期	分枝期	开花期	均值
WA-1	9.17±0.18	9.56±0.20	10.14±0.16	9.36±0.30	9.56
WA-2	9.69±0.14	9.95±0.17	10.77±0.13	9.74±0.28	10.04
WA-3	10.46±0.21	10.78±0.15	11.43±0.15	10.39±0.28	10.77
WA-4	11.07±0.11	11.81±0.14	12.04±0.15	11.16±0.09	11.52
WA-5	12.17±0.20	12.49±0.14	13.14±0.15	12.26±0.38	12.52
WA-6	13.08±0.14	13.43±0.11	13.96±0.17	13.39±0.30	13.47
WA-7	14.32±0.17	14.62±0.16	15.33±0.13	14.45±0.24	14.68
WA-8	15.16±0.20	15.49±0.14	16.14±0.17	15.18±0.33	15.49
WA-9	15.79±0.08	15.92±0.19	16.77±0.16	15.89±0.11	16.09
WA-10	9.12±0.12	9.34±0.20	10.07±0.10	9.16±0.26	9.42

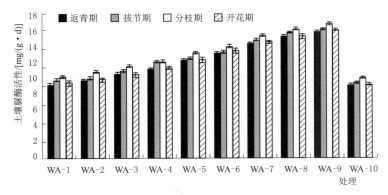

图 7.6　微纳米气泡水地下滴灌对紫花苜蓿 2020 年各生育期脲酶活性的影响

7.1.2　对土壤微生物的影响

土壤微生物量是影响土壤生态过程的一个重要因素，土壤微生物包括原核微生物和真核生物，原核微生物主要包括细菌、蓝细菌、放线菌及超显微结构微生物，真核生物主要包括真菌、藻类（蓝藻除外）、地衣等。土壤微生物是土壤有机质和土壤养分（C、N、P 等）转化和循环的主要推动力，它也参与腐殖质形成等生物化学过程。因此，土壤微生物在土壤生态系统中发挥着非常重要的作用。土壤中 CO_2 浓度的升高会明显增加植物根系生物量和根际沉积物，同时根系分泌物的化学组成也会受到影响，因此土壤中 CO_2 浓度会进而影响到土壤微生物群落和微生物调控的多个土壤过程。土壤微生物在陆地生态系统的元素循环中起着基础作用，当 CO_2 的浓度升高时，土壤微生物在陆地生态系统结构和功能的变化中也发挥着作用。加气灌溉会影响土壤呼吸，即影响土壤中 CO_2 的浓度和排放，因此加气灌溉也有可能会影响到土壤微生物数量和土壤微生物的呼吸。

土壤微生物数量与土壤肥力有密切关系，通常土壤微生物活性越高土壤越肥沃，土壤微生物数量能够反映土壤质量及健康状况。土壤中的三大菌类分别为细菌、真菌和放线菌。大部分土壤微生物对土壤的形成发育、物质循环和肥力演变等均有重大影响，对作物生长发育也有重要作用。在植物根系周围生活的土壤微生物通过代谢活动进行 O_2 和 CO_2 的交换，其分泌的有机酸等可以调节植物生长，与植物共生的微生物（如根瘤菌、菌根和真菌等）能为植物直接提供氮素、矶素和其他矿质元素的营养以及有机酸、氨基酸、维生素、生长素等各种有机营养，从而促进植物的生长发育。本书主要研究了微纳米气泡水地下滴灌紫花苜蓿对土壤中三大菌数量的影响。2018—2020 年不同加气灌溉处理对土壤微生物数量的影响见表 7.7～表 7.9。在各处理的土壤中均以细菌数量最多，其次为放线菌，真菌最小，它们对土壤中有机物的分解、氮和磷等营养元素及其化合物的转化具有重要作用。

表 7.7　　　2018 年不同加气灌溉处理下根际土壤微生物数量

处理	细菌 / （×10^8CFU①/g）	真菌 / （×10^5CFU/g）	放线菌 / （×10^6CFU/g）	Shannon 指数
WA-1	4.38±1.62	5.37±1.42	4.88±1.31	0.0699
WA-2	6.36±1.95	8.81±2.25	8.77±1.93	0.0822
WA-3	8.33±2.18	8.35±1.58	8.45±1.58	0.0640
WA-4	5.47±1.30	7.48±1.52	7.12±1.23	0.0789
WA-5	6.77±2.05	9.98±2.43	10.35±1.38	0.0889
WA-6	8.71±1.78	9.61±1.78	10.25±1.21	0.0718
WA-7	6.52±1.17	9.83±2.22	9.18±1.33	0.0842
WA-8	8.96±1.73	12.75±1.72	11.25±1.69	0.0773
WA-9	11.37±1.49	11.87±1.38	11.05±1.36	0.0623
WA-10	3.63±1.72	4.39±1.41	3.85±1.03	0.0674

注　①CFU 为菌落形成单位，colony-forming unit。

表 7.8　　　　　　　　**2019 年不同加气灌溉处理下根际土壤微生物数量**

处理	细菌 /（×10⁸ CFU/g）	真菌 /（×10⁵ CFU/g）	放线菌 /（×10⁶ CFU/g）	Shannon 指数
WA-1	4.42±1.58	5.45±1.32	4.94±1.24	0.0701
WA-2	6.41±1.89	8.88±2.17	8.83±1.86	0.0822
WA-3	8.37±2.13	8.43±1.48	8.47±1.59	0.0639
WA-4	5.51±1.25	7.56±1.43	7.18±1.16	0.0790
WA-5	6.81±2.01	10.05±2.34	10.41±1.32	0.0889
WA-6	8.74±1.73	9.69±1.67	10.30±1.14	0.0719
WA-7	6.55±1.13	9.91±2.11	9.23±1.26	0.0843
WA-8	8.99±1.68	12.83±1.64	11.31±1.62	0.0774
WA-9	11.40±1.44	11.94±1.31	11.12±1.28	0.0625
WA-10	3.68±1.67	4.50±1.28	4.37±1.19	0.0731

表 7.9　　　　　　　　**2020 年不同加气灌溉处理下根际土壤微生物数量**

处理	细菌 /（×10⁸ CFU/g）	真菌 /（×10⁵ CFU/g）	放线菌 /（×10⁶ CFU/g）	Shannon 指数
WA-1	4.38±1.62	5.39±1.40	4.81±1.40	0.0692
WA-2	6.37±1.94	8.82±2.24	8.70±2.03	0.0817
WA-3	8.33±2.18	8.37±1.56	8.34±1.57	0.0634
WA-4	5.47±1.29	7.50±1.51	7.05±1.34	0.0784
WA-5	6.77±2.05	9.99±2.41	10.28±1.48	0.0885
WA-6	8.70±1.78	9.63±1.75	10.17±1.30	0.0715
WA-7	6.51±1.17	9.85±2.20	9.10±1.44	0.0838
WA-8	8.95±1.74	12.77±1.71	11.18±1.78	0.0770
WA-9	11.36±1.49	11.88±1.37	10.99±1.44	0.0622
WA-10	3.64±1.72	4.44±1.35	4.24±1.11	0.0721

1. 对土壤细菌数量的影响

细菌是土壤微生物中数量最多的一个类群，占土壤微生物总数的 70%～90%，每克土壤中的细菌菌落数为几亿到百亿不等。本书主要研究的是好氧性细菌，即只能在含氧环境中生存和繁殖的细菌，在缺氧环境中其生长和繁殖受到明显的限制，其菌落数量会明显下降。细菌是土壤微生物的主要组成部分，土壤细菌数量减少会导致土壤营养元素循环速率下降，使土壤速效养分的供应减少。从图 7.7 可以看出，相较于不加气的常规处理，微纳米气泡水地下滴灌能够明显增加土壤中细菌的数量；在灌水定额不变的条件下，微纳米气泡水地下滴灌土壤中细菌的数量随溶氧量的增加而增加，这是因为溶氧量增加，土壤中好氧细菌的生长和繁殖活动较为旺盛；在微纳米气泡水溶氧量不变的条件下，土壤中细菌的数量随灌水定额的增加而增加，虽然较高的灌水定额使土壤通气性下降，不利于土壤细菌的生长繁殖，但是灌水定额越大，土壤湿度越大，作物用于蒸发蒸腾所消耗的水分就越大，这样就使得高水处理的灌溉水量能保证根系和湿润体之间的完全匹配，从而形成一个湿度和空气适宜的条件，使得土壤细菌数量较高。不加气的常规处理 WA－10，土壤中细菌数量为 3.63×10^8 CFU/g；微纳米气泡水地下滴灌条件下，处理 WA－9 土壤中细菌数量最大，为 11.37×10^8 CFU/g，较 WA－10 处理增加 213.22%。2019 年与 2020 年微纳米气泡水地下滴灌对紫花苜蓿土壤细菌数量的影响表现出相似的结论：不加气常规处理 WA－10，土壤中细菌数量分别为 3.68×10^8 CFU/g、3.64×10^8 CFU/g；微纳米气泡水地下滴灌条件下，处理 WA－9 土壤中细菌数量最大，分别为 11.40×10^8 CFU/g、11.36×10^8 CFU/g，较处理 WA－10 分别增加 209.78%与 212.09%，如图 7.8 和图 7.9 所示。说明微纳米气泡水地下滴灌能够改善土壤中通气状况，从而使土壤中好氧细菌的数量明显增大。

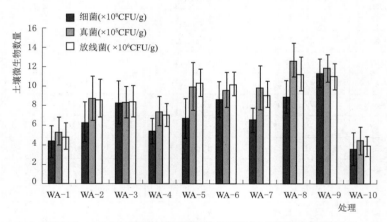

图 7.7　2018 年不同加气灌溉处理下根际土壤微生物数量

2. 对土壤真菌数量的影响

真菌是酸性土壤中的主要分解者，参与腐殖质的形成和分解、进行氨化作用和硝化作用，最适于在通气良好的酸性土壤中生存。真菌将纤维素、木质素和果胶等分解并释放养分，菌丝的积累改善了土壤的物理结构。真菌在土壤中的数量比细菌少但是菌体远比细菌大，因此真菌在生物量上占极其重要的地位，且丝状真菌数量的多少可反映土壤肥力及土壤通气状况。从图 7.7 可以看出，相较于不加气常规处理 WA-10，微纳米气泡水地下滴灌能够明显增加土壤中真菌的数量。在灌水定额不变的条件下，微纳米气泡水地下滴灌土壤中真菌的数量随着溶氧量的增加呈先增后减的趋势，这是因为随着溶氧量的增加，土壤的通气性得到改善，真菌的生长和繁殖活动较为旺盛，土壤中真菌数量增加。但是随着溶氧量的继续增加，此时溶氧量已经解除了土壤的低氧胁迫，土壤气体已不是限制土壤真菌数量的主要因素，溶氧量的继续增加加大了气体在土壤中的流动，气流对真菌的扰动作用增强，真菌数量及其代谢产酶能力降低，该结果与谢恒星等[116]研究得出的温室甜瓜每隔 2 天加气一次可获得更高的产出、投入比的结论相一致。在微纳米气泡水中溶氧量不变的条件下，土壤中真菌的数量随着灌水定额的增加而增加，但是增幅不很明显，这主要是因为，虽然较高的灌水定额使土壤通气性下降，不利于土壤真菌的生长繁殖，但是灌水定额越大，土壤湿度越大，作物用于蒸发蒸腾所消耗的水分就越大，这样就使得高水处理的灌溉水量能保证根系和湿润体之间的完全匹配，从而形成一个湿度和空气适宜的条件，使得土壤真菌数量较高。不加气常规处理 WA-10 土壤中真菌数量为 4.39×10^5 CFU/g，微纳米气泡水地下滴灌条件下处理 WA-8 土壤中真菌数量最大，为 12.75×10^5 CFU/g，较 WA-10 处理增加 190.43%。2019 年与 2020 年微纳米气泡水地下滴灌对紫花苜蓿土壤真菌数量的影响表现出相似的结论，不加气常规处理 WA-10 土壤中真菌数量分别为 4.50×10^5 CFU/g、4.44×10^5 CFU/g，微纳米气泡水地下滴灌条件下处理 WA-8 土壤中真菌数量最大，分别为 12.83×10^5 CFU/g、12.77×10^5 CFU/g，较 WA-10 处理分别增加 185.11% 与 187.61%，如图 7.8 和图 7.9 所示。说明微纳米气泡水地下滴灌能够改善土壤中的通气状况，从而使土壤中真菌的数量保持一个较高水平，这也有利于土壤中有机质的分解和养分的利用。

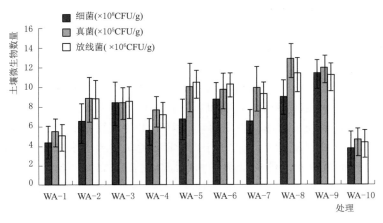

图 7.8　2019 年不同加气灌溉处理下根际土壤微生物数量

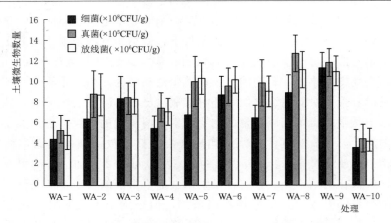

图 7.9 2020 年不同加气灌溉处理下根际土壤微生物数量

3. 对土壤放线菌数量的影响

放线菌在土壤中分布很广，数量也仅次于细菌，通常放线菌数量是细菌数量的 1％～10％，且放线菌生物量与细菌生物量接近。每克土壤中放线菌的数量约为 10 万个以上，占土壤微生物总数的 5％～30％。放线菌能够分解多数细菌和真菌不能分解的化合物，因此土壤中放线菌的多少与土壤肥力、土壤代谢强度、土壤有机质的转化和植物病害的防治有着密切的关系。从图 7.7 可以看出，微纳米气泡水地下滴灌对土壤中放线菌数量的影响与对土壤中真菌的影响相似。相较于不加气常规处理 WA－10，微纳米气泡水地下滴灌能够明显增加土壤中放线菌的数量。在灌水定额不变的条件下，微纳米气泡水地下滴灌土壤中放线菌的数量随着溶氧量的增加呈先增后减的趋势，这是因为随着溶氧量的增加，土壤的通气性得到改善，放线菌的生长和繁殖活动较为旺盛，土壤中放线菌数量增加。但是随着溶氧量的继续增加，此时溶氧量已经解除了土壤的低氧胁迫，土壤气体已不是限制土壤放线菌数量的主要因素，溶氧量的继续增加加大了气体在土壤中的流动，气流对放线菌的扰动作用增强，放线菌数量及其代谢产酶能力降低，该结果与葛灿等[117]研究的放线菌是好氧菌，受厌氧胁迫后其活性升高相一致。在微纳米气泡水中溶氧量不变的条件下，土壤中放线菌的数量随着灌水定额的增加而增加，但是增幅不很明显，这主要是因为，虽然较高的灌水定额使土壤通气性下降，不利于土壤放线菌的生长繁殖，但是灌水定额越大，土壤湿度越大，作物用于蒸发蒸腾所消耗的水分就越大，这样就使得高水处理的灌溉水量能保证根系和湿润体之间的完全匹配，从而形成一个湿度和空气适宜的条件，使得土壤放线菌数量较高。不加气常规处理 WA－10 土壤中真菌数量为 3.85×10^6 CFU/g，微纳米气泡水地下滴灌条件下处理 WA－8 土壤中真菌数量最大，为 11.25×10^6 CFU/g，较 WA－10 处理增加192.21%。

2019年与2020年微纳米气泡水地下滴灌对紫花苜蓿土壤放线菌数量的影响表现出相似的结论，不加气常规处理WA-10土壤中放线菌数量分别为4.37×10^6CFU/g、4.24×10^6CFU/g，微纳米气泡水地下滴灌条件下处理WA-8土壤中放线菌数量最大，分别为11.31×10^6CFU/g、11.18×10^6CFU/g，较WA-10处理分别增加158.81%与163.68%，如图7.8和图7.9所示。说明微纳米气泡水地下滴灌能够改善土壤中的通气状况，从而使土壤中放线菌的数量保持一个较高水平，这也有利于土壤中有机质的分解和养分的利用，提高土壤肥力。

7.1.3　对土壤养分的影响

1. 对紫花苜蓿根区土壤速效氮含量的影响

图7.10为2018年不同微纳米气泡加气灌溉处理对紫花苜蓿根区土壤速效氮含量的影响。从图7.10可以看出，微纳米气泡水地下滴灌条件下紫花苜蓿根区土壤速效氮的含量明显高于不加气常规处理WA-10；在紫花苜蓿生育期内，根区土壤中速效氮的含量逐步降低，对比结果为返青期＞拔节期＞分枝期＞开花期；在紫花苜蓿的每个生育期内，根区土壤中速效氮的含量随着微纳米气泡水溶解氧含量的增加而降低，即处理WA-6＜WA-5＜WA-4。返青期，根区土壤中速效氮的含量最高的主要原因是返青期追加了基肥（尿素），土壤原始肥力较好，不加气处理WA-10土壤速效氮的含量达到了143.51mg/kg，而处理WA-4、WA-5和WA-6的根区土壤速效氮的含量分别为194.66mg/kg、187.01mg/kg和162.43mg/kg，相比于WA-10处理，分别高出35.64%、30.31%和13.18%；拔节期处理WA-4、WA-5和WA-6根区土壤速效氮的含量相比于WA-10处理，分别高出48.66%、41.39%和20.30%；分枝期处理WA-4、WA-5和WA-6根区土壤速效氮的含量相比于WA-10处理，分别高出56.42%、51.20%和29.87%；开花期处理WA-4、WA-5和WA-6根区土壤速效氮的含量相比于WA-10处理，分别高出65.49%、56.20%和28.39%。

图7.11为2019年不同微纳米气泡加气灌溉对紫花苜蓿根区土壤速效氮含量的影响，从图中可知，返青期根区土壤中速效氮含量最高的主要原因是返青期追加了基肥（尿素），土壤原始肥力较好，不加气处理WA-10土壤速效氮的含量达到了140.58mg/kg，而处理WA-6、WA-5和WA-4根区土壤速效氮的含量分别为159.50mg/kg、184.04mg/kg和191.73mg/kg，相比于WA-10处理，分别高出13.46%、30.94%和36.38%；拔节期处理WA-6、WA-5和WA-4根区土壤速效氮的含量相比于WA-10处理，分别高出

20.55％、41.91％和49.27％；分枝期处理 WA-6、WA-5 和 WA-4 根区土壤速效氮的含量相比于 WA-10 处理，分别高出 29.59％、50.72％和55.89％；开花期处理 WA-6、WA-5 和 WA-4 根区土壤速效氮的含量相比于 WA-10 处理，分别高出 28.61％、56.64％和66.00％。

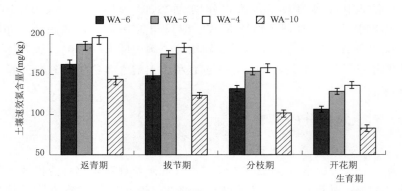

图 7.10　2018 年不同处理对紫花苜蓿根区土壤速效氮含量的影响

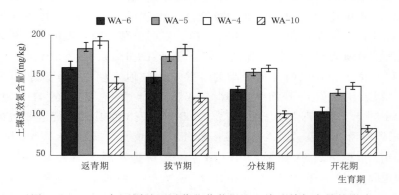

图 7.11　2019 年不同处理对紫花苜蓿根区土壤速效氮含量的影响

图 7.12 为 2020 年不同微纳米气泡加气灌溉对紫花苜蓿根区土壤速效氮含量的影响，从图中可知，返青期不加气处理 WA-10 紫花苜蓿土壤速效氮的含量最高，达到了 131.67mg/kg，而处理 WA-6、WA-5 和 WA-4 根区土壤速效氮的含量分别为 150.59mg/kg、175.17mg/kg 和 182.82mg/kg，相比于 WA-10 处理，分别高出 14.37％、33.04％和 38.85％；拔节期处理 WA-6、WA-5 和 WA-4 根区土壤速效氮的含量相比于 WA-10 处理，分别高出 21.51％、43.85％和51.56％；分枝期处理 WA-6、WA-5 和 WA-4 根区土壤速效氮的含量相比于 WA-10 处理，分别高出 30.63％、52.50％和57.86％；开花期处理 WA-6、WA-5 和 WA-4 根区土壤速效氮的含量相比

于 WA－10 处理，分别高出 29.64％、58.68％和 68.38％。

随着微纳米气泡水溶解氧含量的增加，紫花苜蓿根区土壤速效氮的含量降低，而且降幅也越来越小，而不同生育期的根区土壤速效氮的含量降幅为开花期＞分枝期＞拔节期＞返青期，这一方面说明微纳米气泡水加气灌溉既能够通过促进土壤中脲酶活性和微生物含量的增加促进速效氮的形成，同时也能够促进紫花苜蓿根系对土壤中速效氮的吸收，另一方面可能与紫花苜蓿根系有一定的固氮作用有关。

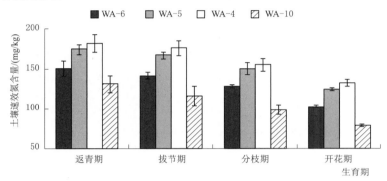

图 7.12   2020 年不同处理对紫花苜蓿根区土壤速效氮含量的影响

2. 对紫花苜蓿根区土壤速效磷含量的影响

图 7.13～图 7.15 为 2018 年、2019 年和 2020 年不同微纳米气泡加气处理对紫花苜蓿根区土壤速效磷含量的影响。

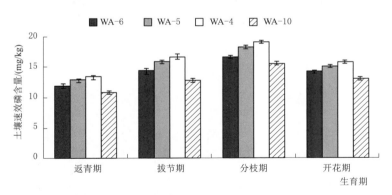

图 7.13   2018 年不同处理对紫花苜蓿根区土壤速效磷含量的影响

2018 年，返青期，处理 WA－10、WA－4、WA－5 和 WA－6 紫花苜蓿根区土壤速效磷含量分别为 10.69mg/kg、13.23mg/kg、12.74mg/kg、11.75mg/kg，相比于不加气处理 WA－10，处理 WA－4、WA－5 和 WA－6

土壤速效磷含量分别高出 23.76％、19.18％和 9.92％；拔节期，处理 WA－10、WA－4、WA－5 和 WA－6 紫花苜蓿根区土壤速效磷含量分别为 12.62mg/kg、16.55mg/kg、15.69mg/kg、14.20mg/kg，相比于不加气处理 WA－10，处理 WA－4、WA－5 和 WA－6 土壤速效磷含量分别高出 31.14％、24.33％和 12.52％；分枝期，处理 WA－10、WA－4、WA－5 和 WA－6 紫花苜蓿根区土壤速效磷含量分别为 15.38mg/kg、18.86mg/kg、18.02mg/kg、16.46mg/kg，相比于不加气处理 WA－10，处理 WA－4、WA－5 和 WA－6 土壤速效磷含量分别高出 22.63％、17.17％和 7.02％；开花期，处理 WA－10、WA－4、WA－5 和 WA－6 紫花苜蓿根区土壤速效磷含量分别为 12.93mg/kg、15.64mg/kg、14.98mg/kg、14.17mg/kg，相比于不加气处理 WA－10，处理 WA－4、WA－5 和 WA－6 土壤速效磷含量分别高出 20.96％、15.85％和 9.59％。

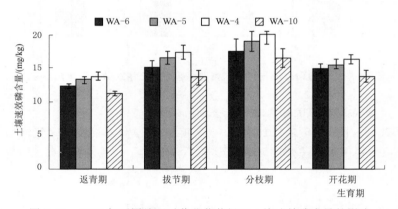

图 7.14　2019 年不同处理对紫花苜蓿根区土壤速效磷含量的影响

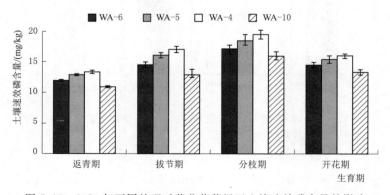

图 7.15　2020 年不同处理对紫花苜蓿根区土壤速效磷含量的影响

2019年，返青期，处理WA-10、WA-4、WA-5和WA-6紫花苜蓿根区土壤速效磷含量分别为11.12mg/kg、13.66mg/kg、13.18mg/kg、12.18mg/kg，相比于不加气处理WA-10，处理WA-4、WA-5和WA-6土壤速效磷含量分别高出22.84%、18.53%和9.54%；拔节期，处理WA-10、WA-4、WA-5和WA-6紫花苜蓿根区土壤速效磷含量分别为13.46mg/kg、17.41mg/kg、16.53mg/kg、15.04mg/kg，相比于不加气处理WA-10，处理WA-4、WA-5和WA-6土壤速效磷含量分别高出29.35%、22.81%和11.74%；分枝期，处理WA-10、WA-4、WA-5和WA-6土壤速效磷含量分别为16.53mg/kg、20.02mg/kg、19.18mg/kg、17.62mg/kg，相比于不加气处理WA-10，处理WA-4、WA-5和WA-6土壤速效磷含量分别高出21.11%、16.03%和6.59%；开花期，处理WA-10、WA-4、WA-5和WA-6紫花苜蓿根区土壤速效磷含量分别为13.55mg/kg、16.26mg/kg、15.60mg/kg、14.79mg/kg，相比于不加气处理WA-10，处理WA-4、WA-5和WA-6土壤速效磷含量分别高出20.00%、15.13%和9.15%。

2020年，返青期，处理WA-10、WA-4、WA-5和WA-6紫花苜蓿根区土壤速效磷含量分别为10.85mg/kg、13.39mg/kg、12.90mg/kg、11.91mg/kg，相比于不加气处理WA-10，处理WA-4、WA-5和WA-6土壤速效磷含量分别高出23.41%、18.89%和9.77%；拔节期，处理WA-10、WA-4、WA-5和WA-6紫花苜蓿根区土壤速效磷含量分别为13.09mg/kg、17.04mg/kg、16.16mg/kg、14.67mg/kg，相比于不加气处理WA-10，处理WA-4、WA-5和WA-6土壤速效磷含量分别高出30.18%、23.45%和12.07%；分枝期，处理WA-10、WA-4、WA-5和WA-6紫花苜蓿根区土壤速效磷含量分别为16.00mg/kg、19.48mg/kg、18.63mg/kg、17.07mg/kg，相比于不加气处理WA-10，处理WA-4、WA-5和WA-6土壤速效磷含量分别高出21.75%、16.44%和6.69%；开花期，处理WA-10、WA-4、WA-5和WA-6紫花苜蓿根区土壤速效磷含量分别为13.32mg/kg、16.04mg/kg、15.47mg/kg、14.57mg/kg，相比于不加气处理WA-10，处理WA-4、WA-5和WA-6紫花苜蓿根区土壤速效磷量分别高出20.42%、16.14%和9.38%。

从图7.13～图7.15可以看出，紫花苜蓿每个生育期内，微纳米气泡水地下滴灌条件下根区土壤速效磷的含量明显高于不加气常规处理。随着微纳米气泡水溶氧量的增加，紫花苜蓿根区土壤速效磷含量降低，这说明微纳米气泡水地下滴灌能够促进紫花苜蓿根系对土壤中速效磷的吸收，从而降低了土壤中速效磷的含量。在微纳米气泡水溶氧量相同的条件下，根区土壤中速效磷含量为分枝期＞拔节期＞开花期＞返青期，这是因为紫花苜蓿的分枝期和拔节期，是生长发育的旺盛时期，通过吸收土壤中的水分和养分，使得根区土壤中有机质被分解成速效磷，土壤中速效磷含量增加。

3. 对紫花苜蓿根区土壤速效钾含量的影响

图 7.16～图 7.18 为 2018 年、2019 年和 2020 年不同微纳米气泡加气处理对紫花苜蓿根区土壤速效钾含量的影响。

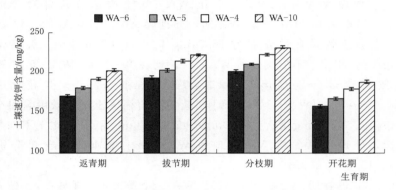

图 7.16　2018 年不同处理对紫花苜蓿根区土壤速效钾含量的影响

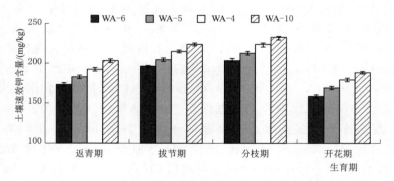

图 7.17　2019 年不同处理对紫花苜蓿根区土壤速效钾含量的影响

2018 年，返青期，处理 WA-10、WA-4、WA-5 和 WA-6 紫花苜蓿根区土壤速效钾含量分别为 202.11mg/kg、191.65mg/kg、180.75mg/kg、170.23mg/kg，处理 WA-4、WA-5 和 WA-6 土壤速效钾含量分别占处理 WA-10 的 94.82％、89.43％和 84.23％；拔节期，处理 WA-10、WA-4、WA-5 和 WA-6 紫花苜蓿根区土壤速效钾含量分别为 221.31mg/kg、213.92mg/kg、202.37mg/kg、193.38mg/kg，处理 WA-4、WA-5 和 WA-6 土壤速效钾含量分别占处理 WA-10 的 96.66％、91.44％和 87.38％；

分枝期，处理 WA-10、WA-4、WA-5 和 WA-6 紫花苜蓿根区土壤速效钾含量分别为 230.89mg/kg、221.48mg/kg、209.80mg/kg、200.62mg/kg，处理 WA-4、WA-5 和 WA-6 土壤速效钾含量分别占处理 WA-10 的 95.92%、90.87% 和 86.89%；开花期，处理 WA-10、WA-4、WA-5 和 WA-6 紫花苜蓿根区土壤速效钾含量分别为 187.81mg/kg、178.99mg/kg、167.77mg/kg、158.45mg/kg，处理 WA-4、WA-5 和 WA-6 土壤速效钾含量分别占处理 WA-10 的 95.30%、89.33% 和 84.37%。

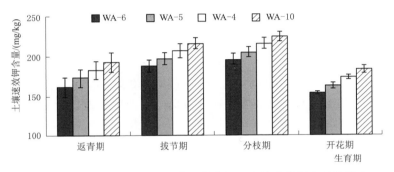

图 7.18　2020 年不同处理对紫花苜蓿根区土壤速效钾含量的影响

2019 年，返青期，处理 WA-10、WA-4、WA-5 和 WA-6 紫花苜蓿根区土壤速效钾含量分别为 202.54mg/kg、192.42mg/kg、182.85mg/kg、172.33mg/kg，处理 WA-4、WA-5 和 WA-6 土壤速效钾含量分别占处理 WA-10 的 95.00%、90.28% 和 85.08%；拔节期，处理 WA-10、WA-4、WA-5 和 WA-6 紫花苜蓿根区土壤速效钾含量分别为 223.14mg/kg、213.75mg/kg、204.21mg/kg、195.21mg/kg，处理 WA-4、WA-5 和 WA-6 土壤速效钾含量分别占处理 WA-10 的 95.79%、91.52% 和 87.48%；分枝期，处理 WA-10、WA-4、WA-5 和 WA-6 紫花苜蓿根区土壤速效钾含量分别为 231.09mg/kg、222.44mg/kg、212.00mg/kg、203.15mg/kg，处理 WA-4、WA-5 和 WA-6 土壤速效钾含量分别占处理 WA-10 的 96.26%、91.74% 和 87.91%；开花期，处理 WA-10、WA-4、WA-5 和 WA-6 紫花苜蓿根区土壤速效钾含量分别为 187.76mg/kg、178.27mg/kg、167.72mg/kg、158.40mg/kg，处理 WA-4、WA-5 和 WA-6 土壤速效钾含量分别占处理 WA-10 的 94.95%、89.33% 和 84.36%。

2020 年，返青期，处理 WA-10、WA-4、WA-5 和 WA-6 紫花苜蓿根区土壤速效钾含量分别为 193.81mg/kg、183.69mg/kg、174.12mg/kg、163.60mg/kg，处理 WA-4、WA-5 和 WA-6 土壤速效钾含量分别占处理

WA-10 的 94.78％、89.84％和 84.41％；拔节期，处理 WA-10、WA-4、WA-5 和 WA-6 紫花苜蓿根区土壤速效钾含量分别为 216.95mg/kg、207.56mg/kg、198.04mg/kg、189.02mg/kg，处理 WA-4、WA-5 和 WA-6 土壤速效钾含量分别占处理 WA-10 的 95.67％、91.28％和 87.13％；分枝期，处理 WA-10、WA-4、WA-5 和 WA-6 紫花苜蓿根区土壤速效钾含量分别为 225.33mg/kg、216.67mg/kg、206.24mg/kg、197.39mg/kg，处理 WA-4、WA-5 和 WA-6 土壤速效钾含量分别占处理 WA-10 的 96.16％、91.53％和 87.60％；开花期，处理 WA-10、WA-4、WA-5 和 WA-6 紫花苜蓿根区土壤速效钾含量分别为 184.71mg/kg、175.22mg/kg、164.67mg/kg、155.34mg/kg，处理 WA-4、WA-5 和 WA-6 土壤速效钾含量分别占处理 WA-10 的 94.86％、89.15％和 84.10％。

从图 7.16～图 7.18 可以看出，整个生育期紫花苜蓿根区土壤中速效钾含量波动较大，从返青期到拔节期再到分枝期，土壤中速效钾含量呈增加趋势，从分枝期到开花期，土壤中速效钾含量呈下降趋势。每个生育期内，微纳米气泡水地下滴灌条件下紫花苜蓿根区土壤速效钾的含量明显低于不加气常规处理，说明微纳米气泡水地下滴灌能够促进紫花苜蓿根系对土壤中速效钾的吸收，从而降低土壤中速效钾的含量。紫花苜蓿不同生育期，土壤中速效钾的含量是分枝期＞拔节期＞返青期＞开花期，说明微纳米气泡水地下滴灌促进有机质分解成速效钾的速率大于根系对速效钾的吸收速率，从而使土壤中速效钾含量增加。在开花期，土壤中速效钾含量有较大降幅，充分说明微纳米气泡水加气灌溉能够促进紫花苜蓿根系对土壤中速效钾的吸收。

7.2 微纳米气泡水地下滴灌对多年生牧草生长发育的影响

植物在生命过程中不断产生活性氧，但同时又形成了一个完善的清除活性氧的防御系统，即酶促系统与非酶促系统，使植物体内活性氧的产生与清除维持在一个动态平衡状态。当植物受到胁迫时，这种平衡将可能被破坏，随着胁迫时间的延长和胁迫程度的加重，活性氧清除系统的功能逐渐降低，活性氧积累得越来越多，最终使细胞膜发生膜质过氧化并发生自由基链式反应，形成丙二醛（MDA），使细胞膜流动性下降，膜功能受到伤害。活性氧酶促系统主要有超氧化物歧化酶（SOD）、过氧化物酶（POD）、过氧化氢酶（CAT）、抗坏血酸过氧化酶（AsAPOD）等，这些酶活性的高低可在不同程度上反映植物抗性的强弱。试验通过测定正常生长与逆境下植株超氧化物歧化酶（SOD）、过氧化物酶（POD）活性，了解逆境下 SOD 和 POD 酶响应的机制，对研究逆境下植物生长机制具有较好的指导意义。

7.2.1 对多年生牧草根系超氧化物歧化酶活性的影响

超氧化物歧化酶（superoxide dismutase，SOD）在需氧原核生物和真核生物中广泛存在，是活性氧清除系统中第一个发挥作用的抗氧化酶。植物在生长发育的过程中会受到不同程度的生理或非生理胁迫，导致植物细胞内产生大量活性氧，影响植物正常生长代谢，甚至引起植物衰老死亡。大量研究显示，植物中的超氧化物歧化酶能发挥其独特的功能有效地清除多种活性氧，维持植物正常生命活动。SOD 歧化超氧物阴离子自由基生成过氧化氢和分子氧，在保护细胞免受氧化损伤过程中具有十分重要的作用。

表 7.10～表 7.12 分别为 2018 年、2019 年和 2020 年微纳米气泡水地下滴灌对紫花苜蓿根系 SOD 活性的影响。

表 7.10   2018 年微纳米气泡水地下滴灌对紫花苜蓿根系 SOD 活性的影响   单位：U/g FW

处理	返青期	拔节期	分枝期	开花期	均值
WA-6	314.5±9.59	378.0±11.84	403.0±11.07	279.2±10.11	343.7
WA-5	326.2±10.24	389.5±10.32	422.3±11.12	296.7±10.44	358.7
WA-4	296.8±10.74	366.2±12.32	385.5±10.69	259.5±10.33	327.0
WA-10	277.7±8.89	328.9±12.10	342.3±11.01	235.9±10.56	296.2

表 7.11   2019 年微纳米气泡水地下滴灌对紫花苜蓿根系 SOD 活性的影响   单位：U/g FW

处理	返青期	拔节期	分枝期	开花期	均值
WA-6	283.1±8.28	347.4±8.22	365.2±7.20	268.7±8.77	316.1
WA-5	294.5±8.81	359.0±7.21	383.5±5.82	286.2±9.20	330.8
WA-4	266.1±9.86	333.9±6.03	347.4±6.31	249.0±8.89	299.1
WA-10	248.1±9.31	298.3±8.50	303.5±5.68	225.4±9.14	268.8

表 7.12   2020 年微纳米气泡水地下滴灌对紫花苜蓿根系 SOD 活性的影响   单位：U/g FW

处理	返青期	拔节期	分枝期	开花期	均值
WA-6	280.3±12.22	342.9±2.84	362.7±9.45	266.5±10.47	313.1
WA-5	291.7±12.83	354.4±3.97	381.0±8.19	284.0±10.78	327.8
WA-4	263.3±13.28	329.4±0.75	344.9±8.77	246.7±10.71	296.1
WA-10	245.2±12.62	293.8±3.08	301.0±8.31	223.1±10.93	265.8

2018年，返青期，处理 WA-10、WA-4、WA-5 和 WA-6 紫花苜蓿根系超氧化物歧化酶活性分别为 277.7U/g FW、296.8U/g FW、326.2U/g FW、314.5U/g FW，相比于不加气处理 WA-10，处理 WA-4、WA-5 和 WA-6 超氧化物歧化酶活性分别高出 6.85％、17.44％和 13.21％；拔节期，处理 WA-10、WA-4、WA-5 和 WA-6 紫花苜蓿根系超氧化物歧化酶活性分别为 328.9U/g FW、366.2U/g FW、389.5U/g FW、378.0U/g FW，相比于不加气处理 WA-10，处理 WA-4、WA-5 和 WA-6 超氧化物歧化酶活性分别高出 11.32％、18.43％和 14.92％；分枝期，处理 WA-10、WA-4、WA-5 和 WA-6 紫花苜蓿根系超氧化物歧化酶活性分别为 342.3U/g FW、385.5U/g FW、422.3U/g FW、403.0U/g FW，相比于不加气处理 WA-10，处理 WA-4、WA-5 和 WA-6 超氧化物歧化酶活性分别高出 12.64％、23.38％和 17.73％；开花期，处理 WA-10、WA-4、WA-5 和 WA-6 紫花苜蓿根系超氧化物歧化酶活性分别为 235.9U/g FW、259.5U/g FW、296.7U/g FW、279.2U/g FW，相比于不加气处理 WA-10，处理 WA-4、WA-5 和 WA-6 超氧化物歧化酶活性分别高出 10.00％、25.79％和 18.37％。

2019年，返青期，处理 WA-10、WA-4、WA-5 和 WA-6 紫花苜蓿根系超氧化物歧化酶活性分别为 248.1U/g FW、266.1U/g FW、294.5U/g FW、283.1U/g FW，相比于不加气处理 WA-10，处理 WA-4、WA-5 和 WA-6 超氧化物歧化酶活性分别高出 7.26％、18.70％和 14.11％；拔节期，处理 WA-10、WA-4、WA-5 和 WA-6 紫花苜蓿根系超氧化物歧化酶活性分别为 298.3U/g FW、333.9U/g FW、359.0U/g FW、347.4U/g FW，相比于不加气处理 WA-10，处理 WA-4、WA-5 和 WA-6 超氧化物歧化酶活性分别高出 11.93％、20.35％和 16.46％；分枝期，处理 WA-10、WA-4、WA-5 和 WA-6 紫花苜蓿根系超氧化物歧化酶活性分别为 303.5U/g FW、347.4U/g FW、383.5U/g FW、365.2U/g FW，相比于不加气处理 WA-10，处理 WA-4、WA-5 和 WA-6 超氧化物歧化酶活性分别高出 14.46％、26.36％和 20.33％；开花期，处理 WA-10、WA-4、WA-5 和 WA-6 紫花苜蓿根系超氧化物歧化酶活性分别为 225.4U/g FW、249.0U/g FW、286.2U/g FW、268.7U/g FW，相比于不加气处理 WA-10，处理 WA-4、WA-5 和 WA-6 超氧化物歧化酶活性分别高出 10.47％、26.97％和 19.21％。

2020年，返青期，处理 WA-10、WA-4、WA-5 和 WA-6 紫花苜蓿根系超氧化物歧化酶活性分别为 245.2U/g FW、263.3U/g FW、291.7U/g FW、280.3U/g FW，相比于不加气处理 WA-10，处理 WA-4、WA-5 和 WA-6 超氧化物歧化酶活性分别高出 7.38％、18.96％和 14.31％；拔节期，处理 WA-10、WA-4、WA-5 和 WA-6 紫花苜蓿根系超氧化物歧化酶活性分别

为 293.8U/g FW、329.4U/g FW、354.4U/g FW、342.9U/g FW，相比于不加气处理 WA-10，处理 WA-4、WA-5 和 WA-6 超氧化物歧化酶活性分别高出 12.12%、20.63% 和 16.71%；分枝期，处理 WA-10、WA-4、WA-5 和 WA-6 紫花苜蓿根系超氧化物歧化酶活性分别为 301.0U/g FW、344.9U/g FW、381.0U/g FW、362.7U/g FW，相比于不加气处理 WA-10，处理 WA-4、WA-5 和 WA-6 超氧化物歧化酶活性分别高出 14.58%、26.58% 和 20.50%；开花期，处理 WA-10、WA-4、WA-5 和 WA-6 紫花苜蓿根系超氧化物歧化酶活性分别为 223.1U/g FW、246.7U/g FW、284.0U/g FW、266.5U/g FW，相比于不加气处理 WA-10，处理 WA-4、WA-5 和 WA-6 超氧化物歧化酶活性分别高出 10.58%、27.30% 和 19.45%。

从图 7.19～图 7.21 可以看出，灌水定额相同条件下，紫花苜蓿根系 SOD 活性均表现为随着生育进程的推进呈单峰曲线变化，在分枝期达到最大值，随后呈下降趋势，至开花期降至最低值。相较于最大值，开花期 SOD 活性降低了 29.73%～32.70%（2018 年），25.37%～28.32%（2019 年），25.46%～

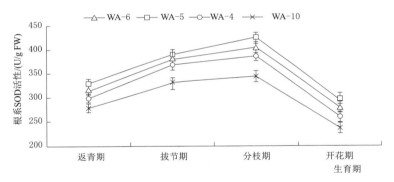

图 7.19　2018 年微纳米气泡水地下滴灌对紫花苜蓿根系 SOD 活性的影响

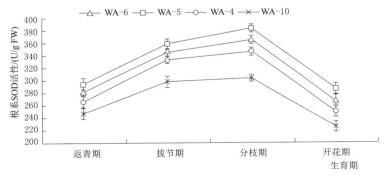

图 7.20　2019 年微纳米气泡水地下滴灌对紫花苜蓿根系 SOD 活性的影响

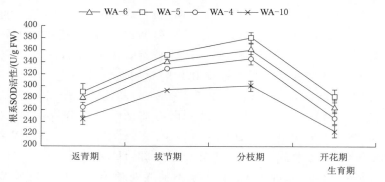

图 7.21　2020 年微纳米气泡水地下滴灌对紫花苜蓿根系 SOD 活性的影响

28.47%（2020 年）。在同一生长期，根系 SOD 活性随着微纳米气泡水溶氧量的不同而不同，不加气处理 WA－10 的 SOD 活性最低，其次为处理 WA－4 和 WA－6，处理 WA－5 的紫花苜蓿根系 SOD 活性最大，即随着微纳米气泡水溶氧量的逐渐增加，根系 SOD 活性呈先增加后降低的趋势。不同的灌水定额条件下紫花苜蓿根系 SOD 活性有相似的实验结果。

7.2.2　对多年生牧草根系过氧化物酶活性的影响

过氧化物酶是由微生物或植物所产生的一类氧化还原酶，能催化 SOD 的有毒产物 H_2O_2 转变为水，从而减少超氧自由基对植物细胞的伤害，对维持正常的代谢有重要意义。表 7.13 和表 7.14 分别为微纳米气泡水地下滴灌对 2019 年和 2020 年度紫花苜蓿根系 POD 活性的影响。

表 7.13　　　　2019 年微纳米气泡水地下滴灌对紫花苜蓿根系

POD 活性的影响　　　　　　　　　　单位：U/g FW

处理	返青期	拔节期	分枝期	开花期	均值
WA－6	115.9±5.88	129.7±7.40	136.0±6.71	114.9±7.51	124.1
WA－5	118.0±5.47	132.8±5.07	137.4±5.47	119.1±5.47	126.8
WA－4	108.8±6.39	124.0±5.24	130.4±5.92	108.6±4.55	118.0
WA－10	102.0±4.17	114.6±4.45	120.5±4.30	102.6±3.64	109.9

表 7.14　　　　2020 年微纳米气泡水地下滴灌对紫花苜蓿根系

POD 活性的影响　　　　　　　　　　单位：U/g FW

处理	返青期	拔节期	分枝期	开花期	均值
WA－6	113.2±9.43	131.8±5.34	138.9±4.03	114.0±8.63	124.5
WA－5	116.6±7.26	135.9±2.69	142.0±3.61	118.2±6.61	128.2

续表

处理	返青期	拔节期	分枝期	开花期	均值
WA-4	106.0±9.83	126.1±2.58	133.3±3.57	108.0±5.34	118.4
WA-10	99.3±7.93	116.6±1.93	123.4±2.80	101.7±4.90	110.3

2019年，返青期，处理 WA-10、WA-4、WA-5 和 WA-6 紫花苜蓿根系过氧化物酶活性分别为 102.0U/g FW、108.8U/g FW、118.0U/g FW、115.9U/g FW，相比于不加气处理 WA-10，处理 WA-4、WA-5 和 WA-6 过氧化物酶活性分别高出 6.67%、15.69% 和 13.63%；拔节期，处理 WA-10、WA-4、WA-5 和 WA-6 紫花苜蓿根系过氧化物酶活性分别为 114.6U/g FW、124.0U/g FW、132.8U/g FW、129.7U/g FW，相比于不加气处理 WA-10，处理 WA-4、WA-5 和 WA-6 过氧化物酶活性分别高出 8.20%、15.88% 和 13.18%；分枝期，处理 WA-10、WA-4、WA-5 和 WA-6 紫花苜蓿根系过氧化物酶活性分别为 120.5U/g FW、130.4U/g FW、137.4U/g FW、136.0U/g FW，相比于不加气处理 WA-10，处理 WA-4、WA-5 和 WA-6 过氧化物酶活性分别高出 8.22%、14.02% 和 12.86%；开花期，处理 WA-10、WA-4、WA-5 和 WA-6 紫花苜蓿根系过氧化物酶活性分别为 102.6U/g FW、108.6U/g FW、119.1U/g FW、114.9U/g FW，相比于不加气处理 WA-10，处理 WA-4、WA-5 和 WA-6 过氧化物酶活性分别高出 5.85%、16.08% 和 11.99%。

2020年，返青期，处理 WA-10、WA-4、WA-5 和 WA-6 紫花苜蓿根系过氧化物酶活性分别为 99.3U/g FW、106.0U/g FW、116.6U/g FW、113.2U/g FW，相比于不加气处理 WA-10，处理 WA-4、WA-5 和 WA-6 过氧化物酶活性分别高出 6.75%、17.42% 和 14.00%；拔节期，处理 WA-10、WA-4、WA-5 和 WA-6 紫花苜蓿根系过氧化物酶活性分别为 116.6U/g FW、126.1U/g FW、135.9U/g FW、131.8U/g FW，相比于不加气处理 WA-10，处理 WA-4、WA-5 和 WA-6 过氧化物酶活性分别高出 8.15%、16.55% 和 13.04%；分枝期，处理 WA-10、WA-4、WA-5 和 WA-6 紫花苜蓿根系过氧化物酶活性分别为 123.4U/g FW、133.3U/g FW、142.0U/g FW、138.9U/g FW，相比于不加气处理 WA-10，处理 WA-4、WA-5 和 WA-6 过氧化物酶活性分别高出 8.02%、15.07% 和 12.56%；开花期，处理 WA-10、WA-4、WA-5 和 WA-6 紫花苜蓿根系过氧化物酶活性分别为 101.7U/g FW、108.0U/g FW、118.2U/g FW、114.0U/g FW，相比于不加气处理 WA-10，处理 WA-4、WA-5 和 WA-6 过氧化物酶活性分别高出 6.19%、16.22% 和 12.09%。

图 7.22 和图 7.23 分别为 2019 年、2020 年微纳米气泡水地下滴灌对紫花苜蓿根系 POD 活性的影响，从图 7.22 和图 7.23 可知，相同灌水定额条件下紫花苜蓿根系 POD 活性均表现为随着生育进程的推进呈单峰曲线变化，在分枝期达到最大值，随后呈下降趋势，至开花期降至最低值，相较于最大值，开花期 POD 活性降低了 13.32%～16.72%（2019 年）、16.76%～18.98%（2020 年）。在同一生长期，根系 POD 活性随着微纳米气泡水溶氧量的不同而不同，不加气处理 WA－10 的 POD 活性最低，其次为处理 WA－4 和 WA－6，处理 WA－5 的根系 POD 活性最大，即随着微纳米气泡水溶氧量的逐渐增加，根系 POD 活性呈先增加后降低的趋势。不同的灌水定额条件下紫花苜蓿根系 POD 活性有相似的实验结果。

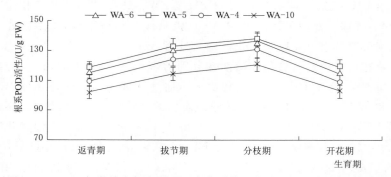

图 7.22　2019 年微纳米气泡水地下滴灌对紫花苜蓿根系 POD 活性的影响

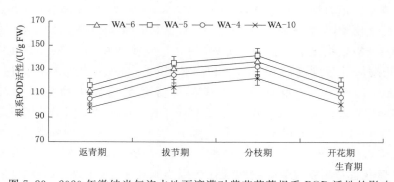

图 7.23　2020 年微纳米气泡水地下滴灌对紫花苜蓿根系 POD 活性的影响

7.2.3　对多年生牧草根系游离脯氨酸的影响

生物体在正常代谢过程中，可通过有机渗透调节物质的积累和分解来调节细胞渗透平衡，从而缓解外界不利因素对植物的伤害。脯氨酸是植物蛋白质的组成成分之一，并以游离态广泛存在于植物体中，脯氨酸与构成蛋白质的其他氨基酸不同，含有亚氨酸而不是 α-氨基。游离脯氨酸能促进蛋白质水合作用，由于亲水、疏水表面的相互作用，蛋白质胶体亲水面积增大，能使可溶性蛋白质（清蛋白类）沉淀。因此，在植物处于低氧胁迫时，游离脯氨酸使植物具有一定的抗性和保护作用，它能维持细胞结构、细胞运输和调节渗透压等。植物在正常条件下，游离脯氨酸含量很低，但遇到干旱、盐碱、低氧等逆境时，游离脯氨酸便会积累，并且积累指数与植物的抗逆性有关。

表 7.15～表 7.17 分别为 2018 年、2019 年和 2020 年微纳米气泡加气地下滴灌对紫花苜蓿根系游离脯氨酸含量的影响。

表 7.15 2018 年微纳米气泡加气地下滴灌对紫花苜蓿根系游离脯氨酸量的影响

处理	不同生育期根系游离脯氨酸含量/（μmol/g）				
	返青期	拔节期	分枝期	开花期	均值
WA－6	66±0.94	64±1.25	61±0.82	60±0.82	63
WA－5	61±0.94	56±0.94	51±1.25	51±0.82	55
WA－4	73±1.25	67±1.25	66±0.94	63±0.94	67
WA－10	83±1.25	87±0.94	90±1.70	92±0.82	88

表 7.16 2019 年微纳米气泡加气地下滴灌对紫花苜蓿根系游离脯氨酸量的影响

处理	不同生育期根系游离脯氨酸含量/（μmol/g）				
	返青期	拔节期	分枝期	开花期	均值
WA－6	79±0.82	76±1.25	74±0.82	69±0.82	75
WA－5	72±0.94	68±0.94	64±1.25	62±0.94	67
WA－4	84±1.25	81±1.63	79±0.94	72±0.94	79
WA－10	94±1.25	97±0.47	101±1.25	103±1.25	99

表 7.17 2020 年微纳米气泡加气地下滴灌对紫花苜蓿根系游离脯氨酸量的影响

处理	不同生育期根系游离脯氨酸含量/（μmol/g）				
	返青期	拔节期	分枝期	开花期	均值
WA－6	79±0.82	76±1.25	73±0.82	69±0.82	74
WA－5	72±0.94	68±0.94	64±1.25	61±1.25	66
WA－4	84±1.25	83±1.63	79±0.94	75±1.25	80
WA－10	91±2.16	96±1.70	100±0.82	102±0.82	97

2018 年，返青期，处理 WA－10、WA－4、WA－5 和 WA－6 紫花苜蓿根系游离脯氨酸含量分别为 83μmol/g、73μmol/g、61μmol/g、66μmol/g，处理 WA－4、WA－5 和 WA－6 游离脯氨酸含量分别占处理 WA－10 的

87.95％、73.49％和79.52％；拔节期，处理WA－10、WA－4、WA－5和WA－6紫花苜蓿根系游离脯氨酸含量分别为87μmol/g、67μmol/g、56μmol/g、64μmol/g，处理WA－4、WA－5和WA－6游离脯氨酸含量分别占处理WA－10的77.01％、64.37％和73.56％；分枝期，处理WA－10、WA－4、WA－5和WA－6紫花苜蓿根系游离脯氨酸含量分别为90μmol/g、66μmol/g、51μmol/g、61μmol/g，处理WA－4、WA－5和WA－6游离脯氨酸含量分别占处理WA－10的73.33％、56.67％和67.78％；开花期，处理WA－10、WA－4、WA－5和WA－6紫花苜蓿根系游离脯氨酸含量分别为92μmol/g、63μmol/g、51μmol/g、60μmol/g，处理WA－4、WA－5和WA－6游离脯氨酸含量分别占处理WA－10的68.48％、55.43％和65.22％。

2019年，返青期，处理WA－10、WA－4、WA－5和WA－6紫花苜蓿根系游离脯氨酸含量分别为94μmol/g、84μmol/g、72μmol/g、79μmol/g，处理WA－4、WA－5和WA－6游离脯氨酸含量分别占处理WA－10的89.36％、76.60％和84.04％；拔节期，处理WA－10、WA－4、WA－5和WA－6紫花苜蓿根系游离脯氨酸含量分别为97μmol/g、81μmol/g、68μmol/g、76μmol/g，处理WA－4、WA－5和WA－6游离脯氨酸含量分别占处理WA－10的83.51％、70.10％和78.35％；分枝期，处理WA－10、WA－4、WA－5和WA－6紫花苜蓿根系游离脯氨酸含量分别为101μmol/g、79μmol/g、64μmol/g、74μmol/g，处理WA－4、WA－5和WA－6游离脯氨酸含量分别占处理WA－10的78.22％、63.37％和73.27％；开花期，处理WA－10、WA－4、WA－5和WA－6紫花苜蓿根系游离脯氨酸含量分别为103μmol/g、72μmol/g、62μmol/g、69μmol/g，处理WA－4、WA－5和WA－6游离脯氨酸含量分别占处理WA－10的69.90％、60.19％和66.99％。

2020年，返青期，处理WA－10、WA－4、WA－5和WA－6紫花苜蓿根系游离脯氨酸含量分别为91μmol/g、84μmol/g、72μmol/g、79μmol/g，处理WA－4、WA－5和WA－6游离脯氨酸含量分别占处理WA－10的92.31％、79.12％和86.81％；拔节期，处理WA－10、WA－4、WA－5和WA－6紫花苜蓿根系游离脯氨酸含量分别为96μmol/g、83μmol/g、68μmol/g、76μmol/g，处理WA－4、WA－5和WA－6游离脯氨酸含量分别占处理WA－10的86.46％、70.83％和79.17％；分枝期，处理WA－10、WA－4、WA－5和WA－6紫花苜蓿根系游离脯氨酸含量分别为100μmol/g、79μmol/g、64μmol/g、73μmol/g，处理WA－4、WA－5和WA－6游离脯氨酸含量分别占处理WA－10的79.00％、64.00％和73.00％；开花期，处理WA－10、WA－4、WA－5和WA－6紫花苜蓿根系游离脯氨酸含量分别为102μmol/g、75μmol/g、61μmol/g、69μmol/g，处理WA－4、WA－5和WA－6游离脯氨

酸含量分别占处理 WA - 10 的 73.53%、59.80% 和 67.65%。

图 7.24～图 7.26 分别为 2018 年、2019 年和 2020 年微纳米气泡加气地下滴灌对紫花苜蓿根系游离脯氨酸含量的影响。从图 7.24～图 7.26 可以看出，微纳米气泡加气地下滴灌条件下根系游离脯氨酸的含量明显低于不加气常规灌溉，说明微纳米气泡加气地下滴灌能够缓解因长时间地下滴灌导致的土壤通气性减弱的现象，从而促进根系的有氧呼吸作用。不加气常规地下滴灌条件下，不同生育期游离脯氨酸含量为开花期＞分枝期＞拔节期＞返青期，这是因为长时间的地下滴灌导致土壤出现板结现象，进而土壤透气性减弱，限制根系有氧呼吸，根系游离脯氨酸增加。微纳米气泡加气地下滴灌条件下，随着加气频率的增大，根系游离脯氨酸含量呈降低趋势，并且在灌水定额一定的条件下，根系游离脯氨酸含量为 WA - 4＞WA - 6＞WA - 5，说明增加微纳米气泡水溶氧量能够降低根系游离脯氨酸的含量，从而促进根系有氧呼吸作用，但微纳米气泡水溶氧量达到一定数值后，继续增加溶氧量反而会抑制根系有氧呼吸，说明此时溶氧量已不是限制根系有氧呼吸的主要因素，从而根系游离脯氨酸含量有所增加。

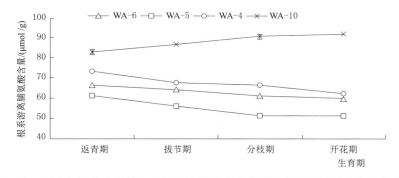

图 7.24　2018 年微纳米气泡加气地下滴灌对紫花苜蓿根系游离脯氨酸含量的影响

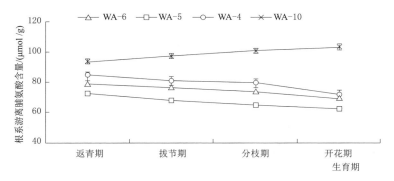

图 7.25　2019 年微纳米气泡加气地下滴灌对紫花苜蓿根系游离脯氨酸含量的影响

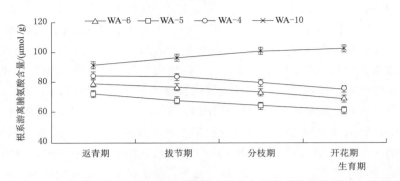

图 7.26　2020 年微纳米气泡加气地下滴灌对紫花苜蓿根系游离脯氨酸含量的影响

7.2.4　对多年生牧草根系活力的影响

　　根系活性不仅由品种遗传特性决定，还受到根际氧供应状况、氮肥运筹、二氧化碳浓度等环境因子的影响。紫花苜蓿根系对土壤中气体的含量极为敏感，根际低氧条件下紫花苜蓿根系生长受到抑制，根系活性降低，从而限制根系对营养物质的吸收，最终影响紫花苜蓿的产量和品质。对土壤加气能够有效改善根际氧环境，植株可以通过自身根系形态特性、空间构型、解剖结构和代谢活性的改变以达到对现有水肥资源的高效利用。已有研究表明，加气灌溉能够明显促进根系的生长以及根系对大量营养元素的吸收，从而提高作物的产量与品质[118-119]，且在黏重土壤及盐渍土条件下具有良好的应用效果[47,100-101]；张文萍等[120]对烟草进行加气灌溉，研究表明加气灌溉可以促进根系的生长以及根系对大量营养元素的吸收；Silberbush 等[121]利用空气泵加气滴灌方式使烟草根系体积增大，根系数量增多，根系活力增强。根形态（如根长、根毛以及根表面积等）与养分的吸收效率密切相关，根系的长短、粗细对作物吸收养分和水分至关重要；肖元松等[122]将导气管通气增氧栽培利用在桃幼树上，试验表明增氧栽培可较有效地提高桃幼树根系总表面积、根系活跃吸收面积、根系活力，可促进桃幼树根系的发生与生长；甲宗霞等[97]的研究结果表明，向盆栽番茄通气，根系活力比未通气处理增大 61.54%；李胜利等[123]的研究结果表明，根基使用通气管通气使黄瓜的根鲜重、根干物质质量及根系活力均显著提高。

　　表 7.18～表 7.20 分别为 2018 年、2019 年和 2020 年微纳米气泡水地下滴灌对紫花苜蓿根系活力的影响。从表 7.18～表 7.20 可知，微纳米气泡水加气灌溉条件下，2018 年、2019 年和 2020 年紫花苜蓿根系活力最强和最弱的处理均为 WA-8 和 WA-1。

表 7.18　2018 年微纳米气泡水地下滴灌对紫花苜蓿根系活力的影响

处理	不同生育期根系活力/［mg/（g•h）］				
	返青期	拔节期	分枝期	开花期	均值
WA-1	0.404±0.0173	1.779±0.0564	2.628±0.0601	0.797±0.0512	1.402
WA-2	0.559±0.0201	1.935±0.0579	2.786±0.0614	0.952±0.0528	1.558
WA-3	0.544±0.0128	1.920±0.0275	2.768±0.0312	0.937±0.0224	1.542
WA-4	0.689±0.0238	2.066±0.0594	2.913±0.0638	1.082±0.0550	1.688
WA-5	0.751±0.0142	2.126±0.0497	2.975±0.0534	1.149±0.0398	1.750
WA-6	0.718±0.0118	2.093±0.0456	2.945±0.0534	1.114±0.0377	1.718
WA-7	0.861±0.0168	2.238±0.0543	3.086±0.0586	1.254±0.0497	1.860
WA-8	0.983±0.0123	2.359±0.0496	3.207±0.0533	1.376±0.0445	1.981
WA-9	0.939±0.0131	2.315±0.0514	3.163±0.0552	1.332±0.0463	1.937
WA-10	0.283±0.0355	1.659±0.0718	2.508±0.0754	0.676±0.0668	1.282

表 7.19　2019 年微纳米气泡水地下滴灌对紫花苜蓿根系活力的影响

处理	不同生育期根系活力/［mg/（g•h）］				
	返青期	拔节期	分枝期	开花期	均值
WA-1	0.387±0.0367	1.790±0.050	2.635±0.0555	0.811±0.0438	1.406
WA-2	0.543±0.0417	1.946±0.0499	2.793±0.0561	0.967±0.0429	1.562
WA-3	0.527±0.0159	1.930±0.0263	2.775±0.0290	0.951±0.0250	1.546
WA-4	0.672±0.0463	2.077±0.0498	2.920±0.0575	1.096±0.0433	1.691
WA-5	0.734±0.0376	2.137±0.0411	2.982±0.0474	1.163±0.0324	1.754
WA-6	0.701±0.0354	2.104±0.0369	2.952±0.0474	1.128±0.0289	1.721
WA-7	0.845±0.0385	2.248±0.0469	3.093±0.0533	1.269±0.0405	1.864
WA-8	0.966±0.0352	2.369±0.0419	3.214±0.0479	1.390±0.0352	1.985
WA-9	0.922±0.0350	2.325±0.0443	3.170±0.0501	1.346±0.0379	1.941
WA-10	0.267±0.0574	1.670±0.0620	2.515±0.0689	0.691±0.0540	1.286

表 7.20　2020 年微纳米气泡水地下滴灌对紫花苜蓿根系活力的影响

处理	不同生育期根系活力/［mg/（g•h）］				
	返青期	拔节期	分枝期	开花期	均值
WA-1	0.422±0.0212	1.813±0.0509	2.663±0.0539	0.836±0.0278	1.434
WA-2	0.578±0.0151	1.969±0.0468	2.820±0.0510	0.992±0.0326	1.590
WA-3	0.563±0.0372	1.953±0.0458	2.803±0.0474	0.977±0.0109	1.574

续表

处理	不同生育期根系活力/［mg/（g·h）］				
	返青期	拔节期	分枝期	开花期	均值
WA-4	0.707±0.0109	2.100±0.0420	2.948±0.0473	1.121±0.0372	1.719
WA-5	0.769±0.0128	2.162±0.0405	3.010±0.0423	1.189±0.0210	1.783
WA-6	0.736±0.0146	2.130±0.0389	2.980±0.0423	1.153±0.0223	1.750
WA-7	0.880±0.0161	2.271±0.0463	3.120±0.0490	1.294±0.0294	1.891
WA-8	1.002±0.0159	2.392±0.0422	3.242±0.0451	1.416±0.0261	2.013
WA-9	0.958±0.0176	2.348±0.0451	3.198±0.0480	1.372±0.0260	1.969
WA-10	0.302±0.0175	1.693±0.0507	2.542±0.0540	0.719±0.0493	1.314

2018年，返青期，对照处理WA-10、处理WA-1和WA-8紫花苜蓿根系活力分别为0.283mg/（g·h）、0.404mg/（g·h）和0.983mg/（g·h），处理WA-1和WA-8紫花苜蓿根系活力分别比对照处理WA-10增强42.76%和247.35%；拔节期，对照处理WA-10、处理WA-1和WA-8紫花苜蓿根系活力分别为1.659mg/（g·h）、1.779mg/（g·h）和2.359mg/（g·h），处理WA-1和WA-8紫花苜蓿根系活力分别比对照处理WA-10增强7.23%和42.19%；分枝期，对照处理WA-10、处理WA-1和WA-8紫花苜蓿根系活力分别为2.508mg/（g·h）、2.628mg/（g·h）和3.207mg/（g·h），处理WA-1和WA-8紫花苜蓿根系活力分别比对照处理WA-10增强4.78%和27.87%；开花期，对照处理WA-10、处理WA-1和WA-8紫花苜蓿根系活力分别为0.676mg/（g·h）、0.797mg/（g·h）和1.376mg/（g·h），处理WA-1和WA-8紫花苜蓿根系活力分别比对照处理WA-10增强17.90%和103.55%。

2019年，返青期，对照处理WA-10、处理WA-1和WA-8紫花苜蓿根系活力分别为0.267mg/（g·h）、0.387mg/（g·h）和0.966mg/（g·h），处理WA-1和WA-8紫花苜蓿根系活力分别比对照处理WA-10增强44.94%和261.80%；拔节期，对照处理WA-10、处理WA-1和WA-8紫花苜蓿根系活力分别为1.670mg/（g·h）、1.790mg/（g·h）和2.369mg/（g·h），处理WA-1和WA-8紫花苜蓿根系活力分别比对照处理WA-10增强7.19%和41.86%；分枝期，对照处理WA-10、处理WA-1和WA-8紫花苜蓿根系活力分别为2.515mg/（g·h）、2.635mg/（g·h）和3.214mg/（g·h），处理WA-1和WA-8紫花苜蓿根系活力分别比对照处理WA-10增强4.77%和27.79%；开花期，对照处理WA-10、处理WA-1和WA-8紫花苜蓿根系活力分别为0.691mg/（g·h）、0.811mg/（g·h）和

1.390mg/（g·h），处理 WA-1 和 WA-8 紫花苜蓿根系活力分别比对照处理 WA-10 增强 17.37％和 101.16％。

2020 年，返青期，对照处理 WA-10、处理 WA-1 和 WA-8 紫花苜蓿根系活力分别为 0.302mg/（g·h）、0.422mg/（g·h）和 1.002mg/（g·h），处理 WA-1 和 WA-8 紫花苜蓿根系活力分别比对照处理 WA-10 增强 39.74％和 231.79％；拔节期，对照处理 WA-10、处理 WA-1 和 WA-8 紫花苜蓿根系活力分别为 1.693mg/（g·h）、1.813mg/（g·h）和 2.392mg/（g·h），处理 WA-1 和 WA-8 紫花苜蓿根系活力分别比对照处理 WA-10 增强 7.09％和 41.29％；分枝期，对照处理 WA-10、处理 WA-1 和 WA-8 紫花苜蓿根系活力分别为 2.542mg/（g·h）、2.663mg/（g·h）和 3.242mg/（g·h），处理 WA-1 和 WA-8 紫花苜蓿根系活力分别比对照处理 WA-10 增强 4.76％和 27.54％；开花期，对照处理 WA-10、处理 WA-1 和 WA-8 紫花苜蓿根系活力分别为 0.719mg/（g·h）、0.836mg/（g·h）和 1.416mg/（g·h），处理 WA-1 和 WA-8 紫花苜蓿根系活力分别比对照处理 WA-10 增强 16.27％和 96.94％。

图 7.27～图 7.29 分别为 2018 年、2019 年和 2020 年微纳米气泡水地下滴灌对紫花苜蓿根系活力的影响。从图 7.27～图 7.29 可以看出，微纳米气泡水地下滴灌条件下紫花苜蓿根系活力明显高于不加气地下滴灌处理，说明微纳米气泡加气灌溉能够提高作物根系的活力。紫花苜蓿全生育期内根系活力呈先升高后降低的趋势，即根系活力表现为分枝期＞拔节期＞开花期＞返青期。在灌水定额一定的条件下，紫花苜蓿根系活力随着微纳米气泡水溶氧量的增大呈先升高后降低的趋势，这是因为当微纳米气泡水溶氧量达到一定浓度时，此时微纳米气泡水中的溶氧量已经不是限制根系活力的主要因素，当继续增加溶氧量时，根系活力不升反降；在微纳米气泡水溶氧量一定的条件下，紫花苜蓿根系

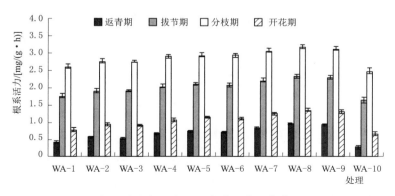

图 7.27 2018 年微纳米气泡水地下滴灌对紫花苜蓿根系活力的影响

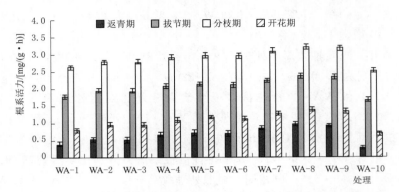

图 7.28　2019 年微纳米气泡水地下滴灌对紫花苜蓿根系活力的影响

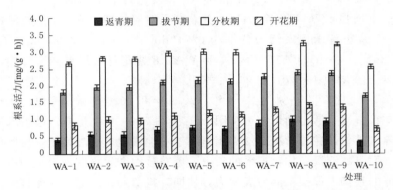

图 7.29　2020 年微纳米气泡水地下滴灌对紫花苜蓿根系活力的影响

活力随着灌水定额的增大而增大，这是因为当微纳米气泡水溶氧量一定时，增加灌水定额可以增加土壤湿度，土壤湿度越大，作物用于蒸发蒸腾所消耗的水分就越大，这样就使得高水处理的灌溉水量能保证根系和湿润体之间的完全匹配，从而形成一个湿度和空气适宜的条件，使得紫花苜蓿根系活力处于较高的水平。微纳米气泡加气灌溉能够增强作物根系活力，其机理可能是植株在供氧充足的情况下会分泌一些强氧化性物质到根区土壤环境中，把根区一些还原性物质氧化为氧化态；而在厌氧环境中根系泌氧减少，反硝化、铁硫还原现象增强，导致根系发育不良甚至腐烂，降低根系活力。

7.2.5　对多年生牧草生物量的影响

农作物的生长发育受其自身特性的影响和制约表现出明显生物学规律，生物量变化是一个积累的过程，但不同生育期生物量积累的多少及快慢有所不同。

1. 不同微纳米气泡水溶氧量对紫花苜蓿株高的影响

株高和叶片是作物干物质积累的主要组成部分。不同生育期紫花苜蓿的生长发育不同，株高的变化尤为明显，并且不同生长阶段其变化特征表现出一定的规律性。对紫花苜蓿株高进行定期观测，每个处理均进行定株观测，采用其平均值绘制株高随时间的变化过程。图7.30为2018年灌水定额25mm条件下不同溶氧量对紫花苜蓿株高的影响。从图7.30可以看出，不同微纳米气泡水溶氧量对株高的影响总体趋势是一致的，都是由快到慢的生长趋势，从返青期到拔节期再到分枝期株高增长较快，从分枝期到开花期增长速率开始变缓，紫花苜蓿由营养生长转向生殖生长，此时同化物优先分配给生殖器官，用于株高和叶片的同化物自然减少，使其生长速率下降。随着微纳米气泡水溶氧量的增大，株高随之增大。但处理WA-6与WA-5的株高相差较小，说明此时微纳米气泡水中的溶氧量已经不是限制紫花苜蓿株高的主要因素，过高的溶氧量反而不利于紫花苜蓿根系对营养元素的吸收，从而抑制植株的生长。灌水定额20mm和30mm条件下不同溶氧量对紫花苜蓿株高的影响表现出相似的规律。2019年和2020年灌水定额25mm条件下不同溶氧量对紫花苜蓿株高的影响有相似的结论，如图7.31和图7.32所示。

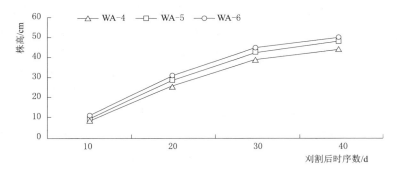

图7.30 2018年灌水定额25mm条件下不同溶氧量对紫花苜蓿株高的影响

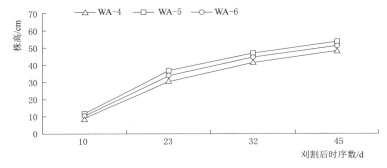

图7.31 2019年灌水定额25mm条件下不同溶氧量对紫花苜蓿株高的影响

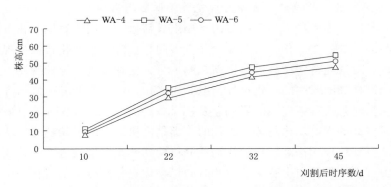

图 7.32　2020 年灌水定额 25mm 条件下不同溶氧量对紫花苜蓿株高的影响

2. 不同灌水定额对紫花苜蓿株高的影响

对紫花苜蓿株高进行定期观测，每个处理均进行定株观测，采用其平均值绘制株高随时间的变化过程。图 7.33 为 2018 年微纳米气泡水溶氧量为 5mg/L 条件下不同灌水定额对紫花苜蓿株高的影响。从图 7.33 可以看出，不同灌水定额对株高的影响总体趋势是一致的，都是由快到慢的生长趋势，从返青期到拔节期再到分枝期株高增长较快，从分枝期到开花期增长速率开始变缓，紫花苜蓿由营养生长转向生殖生长，此时同化物优先分配给生殖器官，用于株高和叶片的同化物自然减少，使其生长速率下降。在整个生育期内，各处理株高随着灌水定额的增大而增大，即 WA-8＞WA-5＞WA-2，说明在微纳米气泡水溶氧量一定的条件下灌水定额是影响紫花苜蓿株高的主要因素。溶氧量为 1.8mg/L 与 8.2mg/L 条件下不同灌水定额对紫花苜蓿株高的影响表现出相似的规律。2019 年和 2020 年相同溶氧量条件下不同灌水定额对紫花苜蓿株高的影响表现出相似的规律，如图 7.34 和图 7.35 所示。

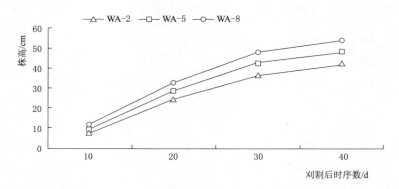

图 7.33　2018 年溶氧量 5mg/L 条件下不同灌水定额对紫花苜蓿株高的影响

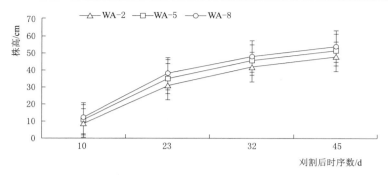

图 7.34　2019 年溶氧量 5mg/L 条件下不同灌水定额对紫花苜蓿株高的影响

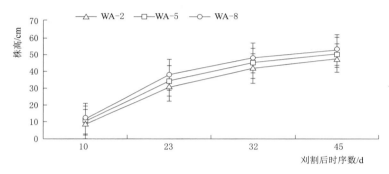

图 7.35　2020 年溶氧量 5mg/L 条件下不同灌水定额对紫花苜蓿株高的影响

3. 微纳米气泡水地下滴灌对紫花苜蓿干重的影响

长时间进行地下滴灌会影响滴头附近的土壤结构和水力学特性，导致作物根系区土壤板结、透气性减弱、根系区缺氧，限制作物根区氧气扩散，而扩散又是土壤和大气以及土壤和作物根系气体交换的主要体制[6]，进而影响根系的呼吸作用。随着紫花苜蓿地下滴灌系统使用年限的增加和农业机械碾压、少耕等人为因素，土壤扰动较轻，土壤会出现不同程度的板结现象，减小土壤孔隙度，土壤结构和水力学特性会受到影响，进而影响土壤水分的分配，限制土壤氧气的有效扩散，造成根区低氧胁迫，土壤中有机质分解缓慢，紫花苜蓿也会出现不同程度的黑根现象，从而影响其自身的新陈代谢和整个植株的生长发育。

图 7.36 为 2018 年微纳米气泡加气地下滴灌对紫花苜蓿干重的影响。从图 7.36 可以看出，在灌水定额一定的条件下，微纳米气泡加气地下滴灌能够提高紫花苜蓿的产量；在微纳米气泡水溶氧量一定的条件下，提高灌水定额也能够提高紫花苜蓿的产量。随着微纳米气泡水溶氧量或者灌水定额的无限增加，紫花苜蓿的产量都会呈现"报酬递减"现象。处理 WA - 5 紫花苜蓿产量最大，为 17758.95kg/hm²（合 1183.93kg/亩，2018 年），17283.75kg/hm²（合

1152.25kg/亩,2019 年),16883.55kg/hm²(合 1125.57kg/亩,2020 年),相较于不加气处理,可增产 8.30%～28.16%(2018 年),8.97%～29.27%(2019年),9.06%～30.07%(2020 年)。这说明处理 WA-5 的灌水定额和微纳米气泡水溶氧量能够使土壤中形成一个湿度和空气适宜的条件,此时土壤中微生物和紫花苜蓿根系活力最大,能够最大限度地促进根区土壤有机质向营养物质的转化和根系的有氧呼吸作用,促进根系对营养物质的吸收。2019 年与 2020年微纳米气泡加气地下滴灌对紫花苜蓿产量的影响表现出相似的规律,如图7.37 和图 7.38 所示。

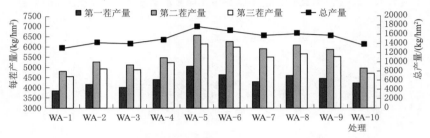

图 7.36　2018 年微纳米气泡加气地下滴灌对紫花苜蓿产量的影响

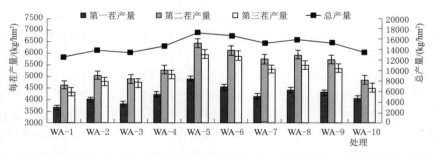

图 7.37　2019 年微纳米气泡加气地下滴灌对紫花苜蓿产量的影响

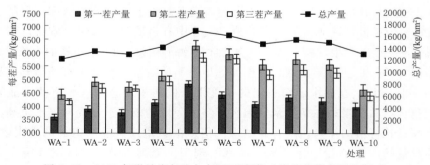

图 7.38　2020 年微纳米气泡加气地下滴灌对紫花苜蓿产量的影响

7.2.6 对多年生牧草品质的影响

紫花苜蓿品质的好坏是评价紫花苜蓿适口性的主要指标，紫花苜蓿的品质越好，说明紫花苜蓿的营养价值越高。本书通过化验分析紫花苜蓿粗蛋白和粗脂肪的含量，来评价紫花苜蓿品质的好坏。2019 年和 2020 年不同微纳米气泡水地下滴灌对紫花苜蓿品质的影响分别如图 7.39 和图 7.40 所示。从图 7.39 和图 7.40 可知，微纳米气泡水地下滴灌可以提高紫花苜蓿的粗蛋白和粗脂肪的含量，改善紫花苜蓿的品质。2019 年，处理 WA－10、WA－4、WA－5 和 WA－6 的粗蛋白含量分别为 13.4％、14.5％、14.9％和 13.7％，相比于不加气常规处理（WA－10），处理 WA－4、WA－5 和 WA－6 粗蛋白含量分别提高 8.21％、11.19％和 2.23％；处理 WA－10、WA－4、WA－5 和 WA－6 的粗脂肪含量分别为 3.2％、3.6％、3.8％和 3.4％，相比于不加气常规处理

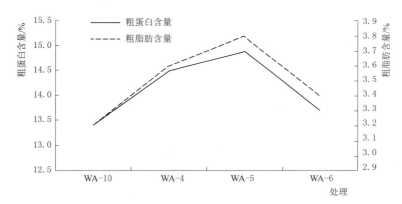

图 7.39 2019 年微纳米气泡水地下滴灌对紫花苜蓿品质的影响

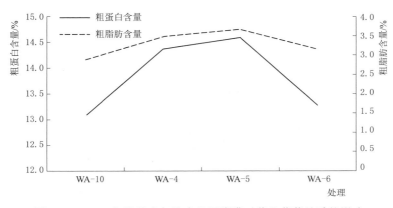

图 7.40 2020 年微纳米气泡水地下滴灌对紫花苜蓿品质的影响

（WA-10），处理 WA-4、WA-5 和 WA-6 粗脂肪含量分别提高 12.50%、18.75% 和 6.25%。2020 年，处理 WA-10、WA-4、WA-5 和 WA-6 的粗蛋白含量分别为 13.1%、14.4%、14.6% 和 13.3%，相比于不加气常规处理（WA-10），处理 WA-4、WA-5 和 WA-6 粗蛋白含量分别提高 9.92%、11.45% 和 1.53%；处理 WA-10、WA-4、WA-5 和 WA-6 的粗脂肪含量分别为 2.9%、3.5%、3.7% 和 3.2%，相比于不加气常规处理（WA-10），处理 WA-4、WA-5 和 WA-6 粗脂肪含量分别提高 20.69%、27.59% 和 10.34%。由此可知，微纳米气泡加气地下滴灌可以显著提高紫花苜蓿的粗蛋白和粗脂肪的含量，从而改善紫花苜蓿的品质。

7.3　小结

（1）紫花苜蓿微纳米气泡水地下滴灌适宜的溶氧量为 5.0mg/L，灌水定额为 25mm。

（2）微纳米气泡加气地下滴灌能够明显增加土壤中过氧化氢酶活性和脲酶活性且过氧化氢酶活性和脲酶活性均为分枝期＞拔节期＞开花期＞返青期；相同灌水定额条件下，随着微纳米气泡水溶氧量的增大，土壤中过氧化氢酶和脲酶活性均呈增大的趋势；相同微纳米气泡水溶氧量的条件下，随着灌水定额的增大，土壤中过氧化氢酶和脲酶活性均呈增大的趋势。

（3）微纳米气泡加气地下滴灌能够改善土壤中通气状况，明显增加土壤中细菌、真菌和放线菌的数量，促进土壤中有机物的分解、氮和磷等营养元素及其化合物的转化，促进根系有氧呼吸和作物生长发育。

（4）在灌水定额不变的条件下，微纳米气泡加气地下滴灌条件下土壤中细菌、真菌、放线菌的数量随着溶氧量的增加呈先增后减的趋势，这是因为随着溶氧量的增加，土壤的通气性得到改善，细菌、真菌、放线菌的生长和繁殖活动较为旺盛，土壤中细菌、真菌、放线菌数量增加，但是随着溶氧量的继续增加，此时已经解除了土壤的低氧胁迫，土壤氧气已不是限制土壤细菌、真菌、放线菌数量的主要因素，土壤中溶氧量的继续增加，加大了气体在土壤中的流动，气流对细菌、真菌、放线菌的扰动作用增强，细菌、真菌、放线菌数量及其代谢产酶能力降低，从而数量减少。

（5）在微纳米气泡水中溶氧量不变的条件下，土壤中细菌、真菌、放线菌的数量随着灌水定额的增加而增加，但是增幅不很明显，这主要是因为，虽然较高的灌水定额使土壤通气性下降不利于土壤细菌、真菌、放线菌的生长繁殖，但是灌水定额越大，土壤湿度越大，作物用于蒸发蒸腾所消耗的水分就越大，这就使得高水处理的灌溉水量能保证根系和湿润体之间的完全匹配，从而形成一个湿度和空气适宜的条件，使得土壤细菌、真菌、放线菌数量较高。

（6）微纳米气泡加气地下滴灌明显提高紫花苜蓿根区土壤速效氮的含量；在紫花苜蓿生育期内，根区土壤中速效氮的含量逐步降低，为返青期＞拔节期＞分枝期＞开花期；在各生育期内，根区土壤中速效氮的含量随着微纳米气泡水溶氧量的增加而降低，这一方面说明微纳米气泡水加气灌溉既能够通过促进土壤中脲酶活性和微生物含量的增加促进速效氮的形成，也能够促进紫花苜蓿根系对土壤中速效氮的吸收，另一方面与紫花苜蓿根系有一定的固氮作用有关。

（7）微纳米气泡加气地下滴灌能够增加紫花苜蓿根区土壤速效磷的含量；随着微纳米气泡水溶氧量的增加，紫花苜蓿根区土壤速效磷含量降低，这说明微纳米气泡水地下滴灌能够促进紫花苜蓿根系对土壤中速效磷的吸收，从而降低了土壤中速效磷的含量；在相同的微纳米气泡水溶氧量的条件下，根区土壤中速效磷含量为分枝期＞拔节期＞开花期＞返青期，这是因为紫花苜蓿分枝期和拔节期是生长发育的旺盛时期，加气灌溉能够促进有机质被分解成速效磷，且分解速率大于根系对速效磷的吸收速率，从而土壤中速效磷含量增加。

（8）土壤中速效钾的含量随着微纳米气泡水溶氧量的增加而降低，说明加气灌溉促进根系对速效钾的吸收，其吸收速率大于有机质的分解速率，从而降低土壤中速效钾的含量。

（9）紫花苜蓿根系超氧化物歧化酶（SOD）活性随着生育期进程的推进呈单峰曲线变化，SOD活性表现为分枝期＞拔节期＞返青期＞开花期；随着微纳米气泡水溶氧量的逐渐增加，紫花苜蓿根系SOD活性呈先增加后降低的趋势，说明微纳米气泡水中溶氧量过大，反而会抑制SOD活性，不利于作物根系的呼吸和生长发育。

（10）微纳米气泡加气灌溉能够提高作物根系的活力，全生育期紫花苜蓿根系活力呈先升高后降低的趋势，即根系活力分枝期＞拔节期＞开花期＞返青期；紫花苜蓿根系活力随着微纳米气泡水溶氧量的增大呈先升高后降低的趋势，说明当微纳米气泡水溶氧量达到一定的浓度时，此时溶氧量已经不是限制根系活力的主要因素，当继续增加微纳米气泡水中的溶氧量时，根系活力不升反降；在溶氧量一定的条件下，根系活力随着灌水定额的增大而增大，说明增加灌水定额可以增加土壤湿度，土壤湿度越大，作物用于蒸发蒸腾所消耗的水分就越大，这样就使得高水处理的灌溉水量能保证根系和湿润体之间的完全匹配，从而形成一个湿度和空气适宜的条件，使得紫花苜蓿根系活力处于较高的水平。

（11）微纳米气泡加气灌溉能够缓解因长时间地下滴灌导致的土壤通气性减弱的现象，使得根系游离脯氨酸的含量明显低于不加气常规灌溉处理，从而促进根系的有氧呼吸作用，但微纳米气泡水中过大的溶氧量反而会抑制根系有氧呼吸，使得根系游离脯氨酸含量有所增加，不利用作物的生长发育。

（12）微纳米气泡加气灌溉能够促进紫花苜蓿根系的呼吸作用，促进根系对营养物质的吸收，从而增加紫花苜蓿的株高和产量；但是微纳米气泡水中过高的溶氧量反而不利用紫花苜蓿根系对营养元素的吸收，从而抑制植株的生长，降低紫花苜蓿产量。

（13）微纳米气泡加气灌溉能够提高紫花苜蓿粗蛋白和粗脂肪的含量，改善紫花苜蓿品质，增强紫花苜蓿的适口性。

第8章　多年生牧草地下滴灌优化灌溉决策研究

在我国西北地区，水资源短缺是限制农牧业发展的重要因素，充分灌溉在当地农业生产中难以实现，所以研究作物需水量在不能被满足情况下的灌溉制度，即灌水量不能完全满足作物生长发育全过程需水量，非充分灌溉越来越被重视。因此，研究该地区作物灌溉制度以及做好该地区水资源规划、节水型社会建设规划、水资源合理高效利用都有着深远且重大的意义。针对牧区紫花苜蓿需、耗水规律以及最佳灌水量的确定很早就有研究，但地区不同，土壤条件以及气象因素也各不相同，致使不同区域的研究结论大相径庭，因此田间试验结果很难在不同地区大面积推广应用。因此以作物需水规律为基础，以水分利用效率、作物产量及灌水边际效益为目标，筛选优化当前的灌溉制度，进而确定出一种最优的灌水方案，并将此方案进行时间与空间尺度上的推广应用，以体现节水灌溉制度方案的可应用性以及田间试验的研究价值，刻不容缓。

8.1　基于 DSSAT 模型的地下滴灌紫花苜蓿灌溉制度优化

鄂托克前旗属内蒙古自治区西北资源型缺水地区，水资源总量不足，水资源开发潜力已趋于极限，加上全球气候变暖、气候持续干旱，这种资源型缺水程度不断加重。本研究基于 DSSAT 模型模拟紫花苜蓿在不同生育期内不同灌水量条件下产量对灌溉的响应，从而确定紫花苜蓿最佳灌水时期和最佳灌水量，并通过分析多次灌水对产量的影响确定紫花苜蓿的最优灌溉制度，为作物节水与高产高效的同步实现提供了理论依据。

8.1.1　DSSAT 模型简介

20 世纪 80 年代，全世界范围内许多国家开始研发作物模型，经过近 40 年的发展，模型从幼稚到成熟、从经验到机理，迄今已出现将近 100 种不同的作物模型。这些模型原理不同，操作各异，复杂程度不一，模型运行需要的各参数也存在一定差异，使得模型的推广应用更加困难。1986 年，经美国国际开发署授权，夏威夷州立大学主持 IBSNAT 项目，目的是加快农业技术的推广，为了模型的普及与应用，把各种作物模型汇总，将模型的输入输出变量格式标准化，研发了一套综合计算机系统，即农业技术转移决策支持系统 DSSAT（decision support system for agrotechnology tranfer）。

DSSAT 模型是目前使用最广泛的模型之一，经过多年的研发与改进，该模型也不断升级，迄今已发布了多个不同版本，本书应用 DSSAT4.5 对紫花苜蓿灌溉制度进行优化。DSSAT4.5 将不同的农作物模型做成模块集成到农作物系统模型 CSM 中，CSM 主要包括 CERES（crop environment resource synthesis）系列模型、LEGUMES 豆科作物模型、FORAGES 饲草作物模型、ROOTCROPS 块根作物模型、OILCROPS 油类作物模型、FIBER 纤维类作物模型以及 SUGAR/ENERGY 甘蔗作物模型。

DSSAT 系列模型是由不同作物模拟模型支持的技术转移决策支持系统，除数据组的支持外，还提供分析、解题方法，模拟气候环境因子相互作用下作物的生长发育、光合作用、呼吸作用和干物质分配以及作物衰老等过程，为决策者提供不同的栽培管理措施决策。

8.1.2　DSSAT 模型原理与结构

DSSAT4.5 模型将所有农作物模型都集成至基于模块模拟路径的 CSM（cropping system model）农作物系统模型中，而 CSM 能够使用一整套模拟土壤水分、碳和氮动力学的代码，而农作物的生长与发育则是通过 CERES、CROPGRO、CROPSIM 与 SUBSOR 模块来进行模拟；DSSAT 适用于单点或相同的类型区，并可通过 ArcGIS 外插至区域水平。

8.1.3　DSSAT 模型的构成

DSSAT4.5 模型主要由五大部分组成，包括用户界面、数据管理系统、作物系统模型、应用分析、后援软件。其中作物系统模型是该软件的核心，数据库包括试验区的气象数据、土壤特性、田间管理以及作物的遗传特性等信息。作物系统模型模拟作物的生长发育过程，同时还有土壤水分和管理措施等，该模型以天为时间长度对作物的生长情况进行描述。DSSAT 运行主界面详见图 8.1。

8.1.4　DSSAT 模型数据库组建

DSSAT4.5 数据库主要包括气象数据资料（Weatherman）、土壤数据资料（Sbuild）、作物管理数据资料（XBuild）和田间试验数据资料。图 8.2 为 DS-SAT 模型输入、输出和试验性能数据文件逻辑图。

1. 气象数据资料（Weatherman）

DSSAT4.5 模型以日为单位模拟紫花苜蓿的生长，在模型模拟紫花苜蓿生长发育过程中的气象数据，除了生育期内的数据，也应该包含生育期前后的气象数据。气象数据包括气象站的地理位置、逐日最高气温 TMAX（℃）、逐

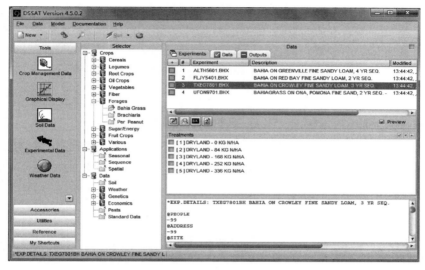

图 8.1　DSSAT 运行主界面

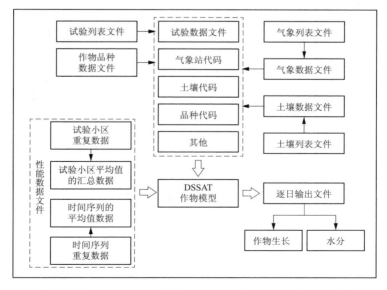

图 8.2　DSSAT 模型输入、输出和试验性能数据文件逻辑图

日最低气温 TMIN（℃）、逐日太阳辐射 SRAD（MJ/m²），还有逐日降雨量 P（mm）。这些气象数据中 TMAX、TMIN、P 可以利用气象站采集获得，SRAD 运用 Angtrom（埃斯屈朗）– Prescott 经验公式确定，公式为

$$R_s = R_{\max}\left(a_s + b_s \frac{n}{N}\right) \tag{8.1}$$

式中：R_s 为太阳总辐射，MJ/m²；$R_{\max}$ 为晴天太阳辐射量，MJ/m²；a_s，b_s 为经验系数，与大气质量状况有关，由 FAO 可得出 $a_s = 0.18$，$b_s = 0.55$；n 为逐日太阳日照小时数，h；N 为逐日可照小时数，h。

$$R_{\max} = 37.586d\ (\omega_s \sin\phi \sin\delta + \cos\phi \cos\delta \sin\omega_s) \tag{8.2}$$

$$N = \frac{24}{\pi}\omega_s \tag{8.3}$$

式中：d 为地球到太阳的距离；ω_s 为日落时角，（°）。

d 的计算公式为

$$d = 1 + 0.033\cos\left(\frac{2\pi}{365}J\right) \tag{8.4}$$

式中：J 为某年中的日序数。

$$\omega_s = \arccos\ (-\tan\phi \tan\delta) \tag{8.5}$$

式中：δ 为赤纬，（°）；ϕ 为气象站所在的纬度。

δ 的计算公式为

$$\delta = 0.4093\sin\left(\frac{2\pi}{365}J - 1.045\right) \tag{8.6}$$

图 8.3 和图 8.4 分别为 Weatherman 输入界面和绘图工具界面。

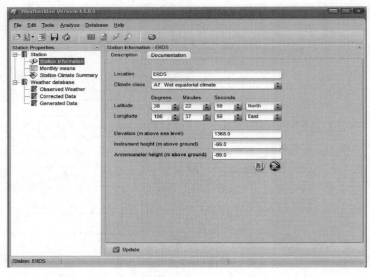

图 8.3　Weatherman 输入界面

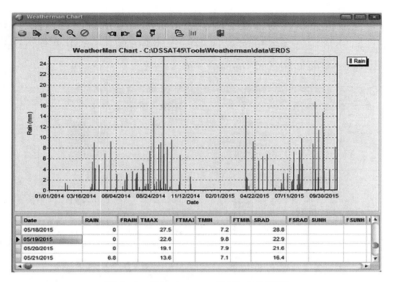

图 8.4 Weatherman 绘图工具界面

2. 土壤数据

土壤数据是作物模型中重要的影响因子，在作物模型中，输入土壤数据的准确性直接影响到模拟结果的准确性。DSSAT4.5 模型运行所需输入的土壤数据包括土壤剖面土层的数目、土壤所属类型、土壤质地、土壤颜色、土层厚度、土壤名称、排水性、渗水性、土壤容重、土壤 pH 值、土壤坡度等。土壤数据输入到 Sbuild 文件中，Sbuild 输入界面如图 8.5 所示。

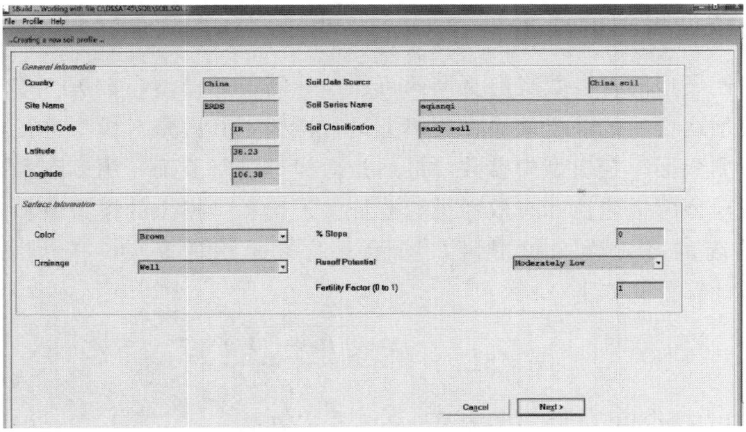

图 8.5 Sbuild 输入界面

3. 作物管理数据

作物管理数据包括作物种植时间、灌水日期、灌水量、种植深度、播种密度、施肥日期以及施肥量等田间管理措施。作物管理数据输入到 Xbuild 文件中，Xbuild 输入界面如图 8.6 所示。

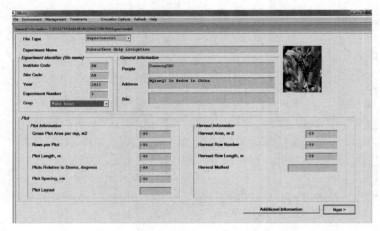

图 8.6　Xbuild 输入界面

4. 田间试验数据

田间试验数据资料是指不同试验处理下的田间试验观测结果，主要包括农作物的生长发育情况数据、土壤的水肥变化情况数据等。试验数据输入到 ATcreate 模块中，其中，A 文件称为总结性文件（Summary File），T 文件称为时间序列性文件（Times Series File）。A 文件输入界面和 T 文件输入界面分别如图 8.7 和图 8.8 所示。

8.1.5　模型参数的率定

为了使模型的各参数具有更高的可靠性，需要对模型参数进行率定。首先应该对模型运行后的输出结果在逻辑上进行检验，其次是对模型进行校正，利用试验所测数据率定模型中参数，最后是对模型进行验证，用多点不同类型试验数据对模型的适应性和有效性进行验证。评价一个模型的模拟值和实测值是否具有较高的准确性与可靠性，国际上通常采用的是归一化均方根误差 $RMSE$，计算公式如下：

$$RMSE = \sqrt{\sum_{i=1}^{n} \frac{(P_i - O_i)^2}{n-1}}$$

式中：P_i 为模拟值；O_i 为实测值；n 为样本数量。

一般认为，$RMSE$ 值越小，说明模拟值和实测值的差异越小，模型模拟结果越精确可靠。当 $RMSE < 0.10$ 时为极好；当 $0.10 \leqslant RMSE < 0.20$ 时为好；当 $0.20 \leqslant RMSE < 0.30$ 时为中等；当 $RMSE \geqslant 0.30$ 时为差。

*EXP. DATA (A): CORD8701FB AMEDA & BROCAL, N-FIXING AND N-FERTILIZED, WATER NON LIMITI

HWAM	HWUM	H#AM	H#UM	LAIX	CWAM	BWAH	ADAT	MDAT
6285.	.880	719.2	2.40	6.90	12480	6195.	88076	88153
6564.	.940	700.7	2.30	8.40	12742	6178.	88076	88153
5984.	.890	671.0	2.30	9.30	12894	6910.	88076	88151
6014.	.980	615.5	2.40	10.00	12402	6388.	88076	88151

图 8.7　A 文件输入界面

*EXP. DATA (T): CORD8701FB ALAMEDA, N2-FIXING and N FERTILIZED, IRRIGATED

LAID	CWAD	PWAD	SWAD	LWAD	SLAD	NWAD	HIPD
.14	55	0	14	41	346	-99	0.000
.34	194	0	77	116	288	-99	0.000
1.05	484	0	240	244	431	-99	0.000
-99	-99	-99	-99	-99	-99	35.0	-99
1.53	958	0	474	484	317	-99	0.000
3.30	2957	0	1882	1075	319	-99	0.000
6.12	5483	72	3705	1706	364	-99	0.013
-99	-99	-99	-99	-99	-99	69.9	-99
8.18	7779	708	4986	2086	427	-99	0.091
7.05	11576	2315	6367	2894	357	-99	0.200
4.11	15882	8279	5793	1811	312	-99	0.521
.00	12480	7441	5039	-99	-99	-99	0.596
.12	55	0	20	35	327	-99	0.000
.32	189	0	75	114	270	-99	0.000

图 8.8　T 文件输入界面

1. 作物参数率定

本书采用 DSSAT4.5 模型自带的 GLUE 调参程序对紫花苜蓿进行参数率定。根据 2018—2019 年地下滴灌紫花苜蓿的田间实测数据，采用"试错法"

估测其参数进行率定。本书主要针对紫花苜蓿生育期的品种参数进行了率定，以使模拟值与田间实测值更加接近。GLUE 调参程序一次可以进行 3000～5000 次的参数率定，通过不断调参得到最佳的参数组合。调试率定的紫花苜蓿作物参数主要有不同生育期的积温、最大株高、光周期以及最大的茎重等，具体详见表 8.1。

表 8.1　　　　　　　　　　　　　　紫花苜蓿生长发育相关参数

参　数　名　称	参数数值	参　数　名　称	参数数值
光周期/h	11	初花期结束至盛花期的积温/（℃·d）	200
出苗至营养生长结束的积温/（℃·d）	230	最大株高/cm	66
营养生长结束至初花期的积温/（℃·d）	610	最大茎重/（g/plant）	7

2. 土壤含水率率定

本书主要基于 DSSAT 模型模拟不同灌水定额对紫花苜蓿产量的影响，基于试验区土壤参数和 2015 年实测全生育期地下滴灌紫花苜蓿土壤含水率，现将地下滴灌紫花苜蓿的土壤含水率的实测值和模拟值列于表 8.2。从表中数据可知，按土层划分，以 40cm 土层为界，40cm 以下土层的模拟值均大于实测值，40cm 以上土层的模拟值均小于实测值；除 60～100cm 土层 RMSE 值为 0.118 外，其余各土层的模拟值与实测值的 RMSE 均小于 0.1，模拟结果极好。

表 8.2　　　　　　　　　不同土层土壤含水率模拟值与实测值对比

土　层	土　壤　含　水　率/%		
	实测值	模拟值	RMSE
0～10cm	19.6	19.3	0.019
10～20cm	20.4	19.6	0.038
20～30cm	20.6	19.4	0.096
30～40cm	20.1	19.1	0.078
40～60cm	15.7	16.6	0.053
60～100cm	12.6	13.9	0.118

注　表中实测值和模拟值均为同一土层不同生育期土壤含水率均值。

由于该地区紫花苜蓿根系入土深度多在 0～40cm 土层，因此该土层内土壤含水率的变化直接影响紫花苜蓿最终的产量。因此，对该土层土壤含水率模拟值与实测值用 IBM SPSS Statistics 22.0 进行了配对 T 检验，检验结果是 $p > 0.05$，说明模拟值与实测值不存在显著性差异，因此认为该模型可用于模拟不同灌水水平下紫花苜蓿的潜在生产力。

8.1.6　紫花苜蓿地下滴灌灌溉制度优化

试验区气候变化显著，降雨量时间分布不均。随着紫花苜蓿的不断生长，从返青期至开花期每一个生育期的作物需水量都在变化。鄂托克前旗紫花苜蓿每年刈割三次，本书模拟一茬的灌溉方案，试验中的灌水方式采用地下滴灌。紫花苜蓿的生长发育阶段分为返青期、拔节期、分枝期和开花期，根据当地牧民刈割习惯，试验中的紫花苜蓿达到初花期时进行刈割，这样的紫花苜蓿能保持良好的适口性，有利于牲畜的食用。结合 2018 年、2019 年的鄂托克前旗地下滴灌紫花苜蓿的灌水方案、当地的降雨情况、目前当地的水利设施的水平以及当地劳动力短缺的现状，灌水时间设定在紫花苜蓿的每个生育期内，即返青期、拔节期、分枝期和开花期，每个生育期的灌水定额设置 0mm、15.0mm、22.5mm 和 30.0mm（其中 0mm 代表不灌水，即增加一个干旱模拟）。两两组合后形成 $4^4=256$ 种不同的灌水处理，结合当地农牧民多年的紫花苜蓿种植经验，现用 DSSAT4.5 模型模拟其中的 15 个灌水处理，详见表 8.3。

表 8.3　　　　　　　　　　　　灌溉试验方案设计

灌水处理	灌水次数	灌水定额方案/mm				合计/mm
		返青期	拔节期	分枝期	开花期	
T1	0	0	0	0	0	0
T2	4	15	15	15	15	60
T3	4	15	22.5	22.5	22.5	82.5
T4	3	0	22.5	22.5	22.5	67.5
T5	3	22.5	0	22.5	22.5	67.5
T6	3	22.5	22.5	0	22.5	67.5
T7	3	22.5	22.5	22.5	0	67.5
T8	4	22.5	22.5	22.5	22.5	90
T9	2	30	0	30	0	60
T10	2	0	30	0	30	60
T11	3	0	30	30	30	90
T12	3	30	0	30	30	90
T13	3	30	30	0	30	90
T14	3	30	30	30	0	90
T15	4	30	30	30	30	120

8.1.7　模拟试验结果分析

由于紫花苜蓿每个生长时期对水分的需求量不同，以及降雨量的年内分布不均匀，因此在每一茬紫花苜蓿不同生育期灌水对其最终的产量的影响存在一定差异。本书根据模拟试验设计的灌水处理，模拟在不同生育期给紫花苜蓿灌水，对作物产量的影响如图 8.9 所示。

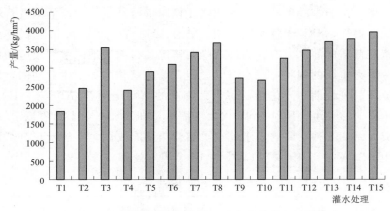

图 8.9　不同模拟灌溉试验处理对紫花苜蓿产量的影响

由图 8.9 分析可知，灌水处理 T1 时的紫花苜蓿的产量最低，为 5481kg/hm²，此时紫花苜蓿每个生育期都不灌水，维持其生长发育全靠有效降雨量。处理 T2，每茬紫花苜蓿灌水 4 次，灌水定额均为 15mm，但产量却较处理 T1 增加不大。处理 T15 紫花苜蓿的产量最高，为 11907kg/hm²，此时在每茬紫花苜蓿的不同生育期的灌水定额均为 30mm，每茬紫花苜蓿灌水 4 次，全生育期灌水 360mm。处理 T3，紫花苜蓿返青期灌水定额为 15mm，其他生育期灌水定额均是 22.5mm，全生育期灌水 247.5mm，产量为 10626kg/hm²；处理 T8，每个生育期的灌水定额均是 22.5mm，全生育期灌水 270mm，产量为 11040kg/hm²，相比处理 T3，产量仅提高 3.9%，说明在返青期适当减少灌水定额对紫花苜蓿最终的产量影响不大。处理 T4、T5、T6 和 T7，灌水定额都是 22.5mm，依次于紫花苜蓿的返青期、拔节期、分枝期和开花期不灌水，而产量是呈递增趋势，说明返青期对紫花苜蓿是否灌水对其最终产量的影响很大，开花期对紫花苜蓿是否灌水对其最终的产量影响较小，这与在紫花苜蓿开花初期即进行刈割有关。对于每茬紫花苜蓿灌水两次的处理 T9 和 T10，每次的灌水定额均是 30mm，两者产量相差不大，但处理 T9 产量稍高于 T10，再次说明在返青期对紫花苜蓿灌水的重要性。对于灌水定额均为 30mm，每茬紫花苜蓿都灌水 3 次的处理 T11、T12、T13 和 T14，紫花苜蓿最终的产量相差不大。处理 T14 和 T15，无论紫花苜蓿在开花期灌水是 0mm 还是 30mm，对其最终的产量的影响均无显著性差异，说明开花期灌水对产量影响不显著，因此在开花期可以取消灌水。在拔节期和分枝期，灌水对紫花苜蓿最终产量的影响差异性显著，但对其灌水 22.5mm 还是灌水 30.0mm，对最终产量的影响相差甚微，说明在拔节期和分枝期，对其灌水 22.5mm 较为合适。

DSSAT4.5 模拟试验共设计 15 个不同的灌水处理，因此如何从中筛选出最适合当地实情的最优灌溉制度显得极为重要。

（1）作物高产。作物产量直接影响农牧民的经济状况，因此最优灌溉制度的选择以作物高产为首要筛选条件。作物高产的筛选条件为处理 T15：在每茬紫花苜蓿的返青期、拔节期、分枝期和开花期各灌水 30.0mm，灌水 4 次，每茬灌水 120mm，全生育期灌水 360mm。

（2）节约水资源。水资源是限制发展节水灌溉饲草料地的关键因素，因此最优灌溉制度的选取以总灌水量最少为原则，结合最终对产量影响，选择处理 T3，即在每一茬紫花苜蓿的返青期灌水定额为 15mm，拔节期、分枝期和开花期的灌水定额为 22.5mm，每茬紫花苜蓿灌水 4 次，每茬灌水 82.5mm，全生育期灌水 247.5mm。

（3）灌水次数最少。考虑到农牧区劳动力的不足，最优灌溉制度的选取以灌水次数最少为原则，结合最终对紫花苜蓿产量的影响，每茬紫花苜蓿最少灌水 2 次，选择处理 T9，即在每茬紫花苜蓿的返青期和分枝期各灌水 1 次，灌水定额均为 30mm，每茬紫花苜蓿灌水 60mm，全生育期灌水 180mm。

8.2 紫花苜蓿地下滴灌灌溉制度

8.2.1 紫花苜蓿适宜的灌水定额

根据鄂托克前旗试验区的土壤类型和紫花苜蓿的生长特性，每年 4 月中旬苜蓿开始返青，由于该时期的气温偏低，根据地温和土壤含水率成反比关系的研究结果，为了保持相对较高的地温，紫花苜蓿第一茬返青期灌水定额不宜过大，推荐灌水定额为 $10\sim15\text{m}^3/$亩，其他生育期适宜灌水定额为 $20\text{m}^3/$亩；紫花苜蓿第二茬、第三茬返青期及其他生育期的推荐灌水定额均为 $20\text{m}^3/$亩，见表 8.4。

表 8.4　　　　　　　　紫花苜蓿适宜灌水定额

生　育　期	第　一　茬				第二茬、第三茬			
	（苗期）返青期	拔节期	分枝期	开花期	返青期	拔节期	分枝期	开花期
适宜灌水定额/（m³/亩）	10～15	20	20	20	20	20	20	20

8.2.2　紫花苜蓿土壤含水量下限控制指标

根据鄂托克前旗试验区的土壤类型和气候条件，紫花苜蓿第一年种植宜在 6 月中旬播种，苜蓿苗期抗旱能力较弱，含水率下限宜控制在 60％；到了拔节期以后为了促进紫花苜蓿根系的生长，可使其适当受旱，在拔节期、分枝期和开花期的含水率下限宜控制在 55％，见表 8.5。

表 8.5　　　　　　　　紫花苜蓿第一年种植土壤含水量下限控制指标

生 育 期	紫花苜蓿第一年种植			
	苗期	拔节期	分枝期	开花期
含水率下限/％	60	55	55	55

紫花苜蓿种植第二年以后，每年第一茬返青期含水率下限宜控制在 55％，随着气温的升高，到了拔节期和分枝期含水率下限宜控制在 60％，为了保证紫花苜蓿的品质，在开花期含水率下限宜控制在 65％；第二茬、第三茬紫花苜蓿返青期、拔节期和分枝期的含水率下限宜控制在 60％，在开花期含水率下限宜控制在 65％，见表 8.6。

表 8.6　　　　　　紫花苜蓿种植第二年以后土壤含水量下限控制指标

生 育 期	第 一 茬				第二茬、第三茬			
	返青期	拔节期	分枝期	开花期	返青期	拔节期	分枝期	开花期
含水率下限/％	55	60	60	65	60	60	60	65

8.2.3　不同水文年型推荐的节水灌溉制度

根据 2017 年和 2018 年灌溉制度试验成果，结合鄂托克前旗 32 年 （1987—2018 年）降水资料频率分析，通过水量平衡反推出降雨频率分别为 75.0％（干旱年）、50％（一般年）和 25％（丰水年）各代表年份紫花苜蓿的灌溉需水量约为 375mm、300mm 和 200mm；考虑鄂托克前旗的土壤特性、地埋滴灌的灌水要求、紫花苜蓿的生长特点以及越冬期所需土壤墒情，紫花苜蓿返青期灌水定额可取 15m³/亩，其他生育期灌水定额均为 20m³/亩。干旱年灌溉定额推荐值为 200～220m³/亩，全生育期灌水 10～11 次；一般年灌溉定额推荐值为 160～180m³/亩，全生育期灌水 8～9 次；丰水年灌溉定额推荐值为 120～140m³/亩，全生育期灌水 6～7 次；由于每年各月降水均匀性的不可预测性，具体的灌水日期应根据土壤墒情进行确定。紫花苜蓿推荐灌溉制度见表 8.7。

表 8.7	紫花苜蓿推荐的灌溉制度		
年份	灌水定额/（m³/亩）	灌水次数	灌溉定额/（m³/亩）
干旱年	20（返青期可取 15）	10～11	200～220
一般年	20（返青期可取 15）	8～9	160～180
丰水年	20（返青期可取 15）	6～7	120～140

8.3 紫花苜蓿地下滴灌水肥药一体化管理系统

8.3.1 紫花苜蓿地下滴灌系统组成及原理

1. 系统组成

紫花苜蓿地下滴灌水肥药一体化管理系统主要由地下滴灌系统、施肥系统、施药系统、过滤系统、控制系统五部分组成，系统组成如图 8.10 所示。

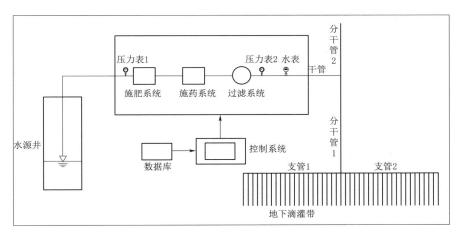

图 8.10 紫花苜蓿地下滴灌系统组成

地下滴灌系统包括干管、分干管、支管和地下滴灌带；施肥系统包括施肥器和计量设备；施药系统包括施药器和计量设备；过滤系统包括砂石过滤器和叠片过滤器；控制系统包括压力表、水表、数据库和控制软件。

系统干管一端与水源井连接，另一端与多个分干管连接，且每个分干管上设有多条地下滴灌带；施肥系统和施药系统均单独与干管连接；过滤系统设置在干管上，主要负责过滤灌溉水体中的大颗粒沙、石及未完成溶解的肥和药，防止堵塞地下滴灌带；控制系统用于获取牧草的生长发育、根区土壤微环境及田间气象等参数数据，并响应用户根据各参数数据预设的灌水、施肥和施药阈值的操作，进而控制牧草进行地下滴灌灌水、施肥和施药。

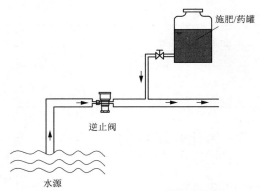

施肥/药罐

逆止阀

水源

图 8.11　施肥器或施药器与管道连接图

2. 系统工作原理

紫花苜蓿地下滴灌水肥药一体化管理系统各分系统通过管道相连。首先管道一端连接水源井，管道另一端首先连接施肥系统，一般施肥系统前设置压力表，测定系统入口压力；施肥系统接施药系统，然后再接过滤系统，此顺序不可颠倒，如图 8.11 所示。过滤系统可过滤掉大颗粒未完全溶解的肥料或结晶的农药；过滤系统后应设置压力表，测定系统出口压力，若出口和入口压差超过设定值，控制系统会自动启动过滤系统的反冲洗功能；最后接管道系统，首先接干管，干管根据需要接若干个分干管，每个分干管可接若干个支管，支管接田间的地下滴灌带。

整个系统灌水、施肥、施药过程通过控制系统控制，首先数据库接收气象、土壤墒情、土壤肥力、牧草病虫害、牧草生长生育指标等实时数据，根据控制系统设定的各项水、肥、药等控制参数启动和关闭灌水、施肥、施药系统开关。

3. 系统优点

（1）地面滴灌条件下难于对多年生牧草进行机械化刈割、搂草和打捆，而地下滴灌系统各级管道均埋于地下，方便田间作业与管理，尤其适用于每年刈割 1～3 茬的多年生牧草的生产，因此地下滴灌解决了牧草地面滴灌难于机械化操作的难题。

（2）地面滴灌条件下滴灌带一般需要每年更换 1 次，更换成本在 150 元/亩左右，农牧民难于承担该项费用，而地下滴灌带因滴灌带埋入地下，避免了紫外线的直接照射，可明显减缓其老化，使用寿命可达 5～10 年，节约了成本。

（3）地下滴灌无需覆膜，可以保持表面土壤干燥，减少了表层土壤水分的无效蒸发，提高了水分利用率；由于地温与土壤水分含量成反比，有助于提高地温，具有显著增产作用。

（4）系统可使灌水、施肥、施药精确定量化，通过地下滴灌带将水、肥、药灌施到土壤表层以下，直接供牧草根系吸收，提高了水、肥、药利用效率，如图 8.12 所示。

（5）施药技术应用涉及除草和防病虫害两方面，除草剂和杀虫剂通过地下滴灌带直接供应到牧草根系部位，很好地解决了除草和牧草根系病的问题；同时地下滴灌在土壤中形成湿润体的体积和表面积均大幅增加，保持了表面土壤干燥，减少了紫花苜蓿病虫害的发生，提高了产量。

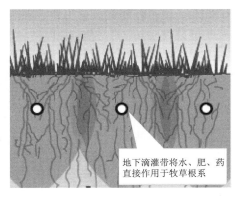

地下滴灌带将水、肥、药直接作用于牧草根系

图 8.12　地下滴灌带与牧草根系的位置图

紫花苜蓿地下滴灌水肥药一体化管理系统将灌水、施肥和施药技术模式融为一体，实现了牧草地下滴灌水、肥、药一体化管理，减少了管理环节，节省了成本，提高了工作效率。

8.3.2　系统具体实施方式

紫花苜蓿地下滴灌水肥药一体化管理系统主要包括地下滴灌系统、施肥系统、施药系统、过滤系统和控制系统。

地下滴灌系统包括干管、多个分干管、多个支管及多条地下滴灌带。干管一端与水源井相连，水源井可以是潜水井，也可以是存储灌溉所需用水的其他储水设备；根据牧草地下滴灌实际灌溉面积需要，干管另一端可与多个分干管连接，每个分干管可与多个支管连接，每个支管可与多条地下滴灌带连接；滴灌带在牧草种植时随牧草播种—铺管一体机直接埋设于牧草根区土壤，埋设深度根据牧草种类的不同而不同。

施肥系统与施药系统设置于干管上并与干管相连，施肥系统与施药系统分别用于存储牧草灌溉所需的肥料与药品，当水流从水源井沿干管流入分干管时，施肥系统或施药系统将流出一定数量的肥料或药品，并溶解于水流中随灌溉水匀速、均匀地直接作用于牧草根区土壤，供牧草根系吸收，在保证牧草根区土壤一定含水率的同时，增加了牧草根区土壤肥力质量，减少了牧草病虫害的发生，提高了水、肥、药利用效率；同时施肥或施药系统与干管连接时，均先与计量设备和控制开关相连，计量设备用于计量肥料或药品的使用量及流速，控制开关用于控制施肥或施药系统的开启或关闭。另外，在水源井的出口端处（即干管的入口端处）设置有逆止阀，逆止阀的作用是当停止灌水时，避免肥料或药品倒流入水源井中以污染水源井中的水。

过滤系统沿着水流方向设置于干管上，位于施肥系统和施药系统之后，主要包括砂石过滤器和叠片过滤器，砂石过滤器用于过滤大于第一预设尺寸的肥料或药品以及水体中的砂石，叠片过滤器用于过滤大于第二预设尺寸的肥料或药品以及水体中的砂石，经过双重过滤后，较大尺寸的颗粒被过滤处理，满足一定尺寸的细小颗粒可以进入地下滴灌带直接输送到作物根区土壤，使得牧草根系既可以吸收，又不会堵塞地下滴灌带，造成资源的浪费。

控制系统是紫花苜蓿地下滴灌水肥药一体化管理系统中最重要的子系统，控制系统首先应获取牧草等作物的参数数据，参数数据主要包括田间气象数据、土壤墒情数据、土壤肥力质量数据、牧草病虫害数据、牧草生长发育指标等。其中，田间气象数据和土壤墒情数据可通过田间小型气象站和土壤墒情自动监测仪实时监测后发送至控制系统，土壤肥力质量数据、牧草病虫害数据和牧草生长发育指标等参数数据通过用户进行实地检测后输入到控制系统中。用户通过控制系统中接受和输入的各参数数据设定灌水定额以及施肥阈值和施药阈值。

用户通过操控控制系统开启和关闭紫花苜蓿地下滴灌水肥药一体化管理系统。系统开启后，水源从水源井流入干管中，同时控制系统根据需要开启施肥系统或施药系统的控制开关和计量设备，以控制肥料或药品的流速和用量。肥料或药品从子管道流入干管后迅速溶解于灌溉水中，随灌溉水匀速、均匀地流入地下滴灌带中，通过地下滴灌带的滴头直接对牧草根区土壤进行灌溉，提高了水、肥、药的利用率。在灌溉结束后，控制系统分别控制施肥系统和施药系统的开关关闭，同时控制干管上的逆止阀开启，防止掺有肥料和药品的灌溉水倒流入水源井，造成水源井水体污染。

另外，在干管的入口端设置有第一压力表，用于检测干管入口端的压力；在干管出口端即过滤系统后侧设置有第二压力表，用于检测干管出口端的压力；第二压力表后侧设置有水表，用于检测牧草的灌溉水量。当干管入口压力大于出口压力预定阈值时，说明过滤系统被堵塞，此时启动过滤系统的反冲系统以疏通过滤系统。过滤系统反冲的具体实现过程为：控制系统控制阀门改变水流方向，过滤器底部单向隔膜关闭干管，反冲洗进入四组喷嘴通道，和喷嘴通道连接的活塞腔内的水压上升，活塞向上运动克服弹簧对叠片的压力，并在叠片组顶部释放活塞空间，同时反冲洗水从四组喷嘴通道沿叠片切线的方向高速喷射，使叠片旋转并均匀分开，喷洗水喷洗叠片表面，将截留在叠片上的杂质喷洗甩出；当反冲洗结束时，水流方向改变，叠片再次被压紧，系统重新进入过滤状态。

8.4　紫花苜蓿地下滴灌灌溉管理评价体系

建立科学的紫花苜蓿地下滴灌优化灌溉决策指标体系有助于评价紫花苜蓿地下滴灌的灌溉效率，从而为紫花苜蓿地下滴灌项目灌溉决策及灌溉管理提供科学依据。紫花苜蓿地下滴灌优化灌溉决策指标体系建立的基础是优化灌溉决策指标，但国内外均没有统一的关于紫花苜蓿地下滴灌方面的范围和标准。紫花苜蓿地下滴灌优化灌溉决策指标体系的研究尚属空白，紫花苜蓿地下滴灌优化灌溉决策指标的筛选应充分考虑紫花苜蓿种植地区的自然条件、社会经济状况等。紫花苜蓿地下滴灌优化灌溉决策指标体系主要包括三类指标，分别是成本指标、效益指标和技术指标。

8.4.1 成本指标构成分析

成本是指生产过程中所消耗的生产资料费用和付给劳动者的报酬等，是反映紫花苜蓿地下滴灌系统前期投入的资金情况。紫花苜蓿地下滴灌优化灌溉决策指标体系中的成本指标主要包括紫花苜蓿种植成本、地下滴灌系统成本和田间数据监测设备成本。紫花苜蓿种植成本包括紫花苜蓿种子成本、紫花苜蓿种植农机配套成本、紫花苜蓿种植灌水施肥施药成本、紫花苜蓿田间管理成本和紫花苜蓿收割打捆农机配套成本；地下滴灌系统成本包括地下滴灌系统首部配套成本、地埋管道成本、地埋滴灌带成本、地面量压量水设施成本；田间数据监测设备成本包括田间小气候数据监测设备成本、土壤墒情监测设备成本、土壤养分农药监测设备成本。

（1）紫花苜蓿种子成本。种植紫花苜蓿所需要的紫花苜蓿草种的成本。种子成本随着紫花苜蓿品种的不同而不同。

（2）紫花苜蓿种植农机配套成本。紫花苜蓿地下滴灌采用的种植方式是农业机械耕地、播种、施肥、埋设滴灌带等农机一体化播种技术，农业机械的配套成本不仅包括农机使用所需的燃油，还包括农业机械操作员的工资以及农业机械的折旧等。

（3）紫花苜蓿种植灌水施肥施药成本。地下滴灌紫花苜蓿每次灌水、施肥和施药所产生的水费、电费、肥料、农药的成本以及所产生的附加成本。

（4）紫花苜蓿田间管理成本。紫花苜蓿地下滴灌虽然自动化程度较高，但还是需要定期进行必要的田间管理，主要包括紫花苜蓿田间锄草、松耕以及每茬紫花苜蓿的收割和打捆后装车运输所产生的管理成本。

（5）紫花苜蓿收割打捆农机配套成本。紫花苜蓿每年收割 2～3 茬，紫花苜蓿的收割和打捆作业所产生的农机使用费用、农机折旧费用等所有的费用。

（6）地下滴灌系统首部配套成本。地下滴灌系统的水源井为机井，灌溉水源多为地下水，含有一定的泥沙，同时为了防止泥沙堵塞滴灌带的滴头，滴灌首部多配套过滤器。由于紫花苜蓿地下滴灌为水肥药一体化灌溉系统，同时滴灌首部还配套施肥罐和施药罐。滴灌首部枢纽除设置过滤和施肥、施药系统外，还要有一些必要的连接附件和安全监测设备，统称为井口连接件总成（一套），包括钢管、逆止阀、排气阀、压力表、水表、节阀开关、三通、法兰盘和弯头。这些装置和设备的成本统称为地下滴灌系统首部配套成本。

（7）地埋管道成本。地下滴灌系统管道系统通常包括主干管和支管，根据地块面积的大小不同所需要埋于地下的主干管和支管的数量不同，这些埋于地下的主干管道的成本以及附加成本统称为地埋管道成本。

（8）地埋滴灌带成本。地下滴灌系统不仅包括主干管和支管，还包括毛管，即滴灌带。根据滴灌带流量、壁厚、压力的不同所产生的滴灌带的成本不同。

（9）地面量压量水设施成本。紫花苜蓿地下滴灌系统灌水时用于测量水压和计量水量的所需的压力表和水表装置的成本。通常所需的压力表和水表的数量根据地块面积的不同而不同。

（10）田间小气候数据监测设备成本。地下滴灌紫花苜蓿田间小气候主要是指气象数据。气象数据主要包括气温、降雨量、风速、相对湿度、气压、风向等。用于测量这些气象数据的专用监测设备的成本通常称田间小气候数据监测设备成本。

（11）土壤墒情监测设备成本。地下滴灌紫花苜蓿田间土壤墒情数据主要包括土壤容重、孔隙度、温湿度、土壤含水率和饱和含水率等。用于测量这些土壤墒情数据的专用监测设备的成本通常称为土壤墒情监测设备成本。

（12）土壤养分农药监测设备成本。对地下滴灌紫花苜蓿施肥后，为了测量施肥后的效果，不仅通过紫花苜蓿植株生长发育的状况判断，还会通过监测和化验土壤中养分的含量来判断；对地下滴灌紫花苜蓿施药后，为了判断田间土壤中是否有农药残留，也会使用专用设备对土壤中残留农药进行监测和测量。这些用来监测和测量土壤中养分和农药的专用设备的成本称为土壤养分农药监测设备成本。

综上所述，在进行指标体系应用时，应遵循化繁为简的宗旨进行合理归类简化，即成本指标可归为三类，分别为种植成本、灌溉成本和管理成本。

8.4.2　效益指标构成分析

紫花苜蓿地下滴灌优化灌溉决策指标体系效益指标主要包括紫花苜蓿地下滴灌经济效益、社会效益和环境效益。经济效益指标主要包括农牧业增产值、农牧民收入改善状况、人均牲畜数量增加率和农牧民收入增加值；社会效益指标主要包括紫花苜蓿地下滴灌水肥药一体化技术的先进性及推广前景、农牧民对该技术的接受度及满意度、农牧民生活水平的改善情况；环境效益指标主要包括沙化退化草原改善情况、区域生态平衡状况、区域环境质量改善情况、地下水位和水质变化，水—土—草资源利用情况和畜牧业经济的可持续发展状况。

（1）农牧业增产值。紫花苜蓿地下滴灌优化灌溉决策实施后，相比于传统的紫花苜蓿生产，农牧民的农牧业增收的产品以及由此带来的农牧业附加产品的价值，称为农牧业增产值。农牧业增产值可以用来衡量紫花苜蓿地下滴灌系统所带来的效益的高低。

（2）农牧民收入改善状况。随着节水灌溉的实施，在牧业纯收入不断增加的同时，由于产业结构的不断优化，促使农牧民纯收入逐渐提高，牧民生活质量显著提升。

（3）人均牲畜数量增加率。在节水灌溉实施前，由于天然草地的承载力较低，草畜矛盾突出，致使农牧民不得不减少牲畜的数量，这不利于农牧民收入的提高和生活水平的改善。建设高效的灌溉饲草地，可以大幅度增加牧草产量，提高农牧民的人均牲畜数量。

（4）农牧民收入增加值。与当地农牧民传统年收入相比，通过紫花苜蓿地下滴灌优化灌溉决策指标体系使得当地农牧民年收入增加。节水灌溉项目的实施使灌溉有了保证，牧草产量显著提高，牧民科技文化素质和综合管理能力得到提升，牧民纯收入也不断增加。

（5）农牧民生活水平的改善情况。通过建立紫花苜蓿地下滴灌优化灌溉决策指标体系后，农牧民收入有所增加，从而使农牧民生活方式发生转变，农牧民生活水平得到改善。

（6）沙化退化草原改善情况。通过实施优化的紫花苜蓿地下滴灌灌溉决策指标体系，可以减少水资源和土地资源的使用，促进沙化退化草原休养生息，从而改善草原沙湖退化情况。

（7）水—土—草资源利用情况。节水灌溉项目的主要目标就是使项目区达到水—土—草平衡，改变水资源超采和土地资源过度利用，改善草原承载潜力，实现草原可持续发展。

（8）畜牧业经济的可持续发展状况。牧区节水灌溉项目的主要目标是使牧区的水资源、土资源在一定的承受范围之内达到合理利用，从而使牧区的水、土、草、畜达到动态的平衡，维持草原畜牧业的可持续发展，从而维持畜牧业经济的可持续发展。

综上所述，在进行指标体系应用时，效益指标根据可量化、可操作原则归为四类，分别为土地经济生产率、水分经济生产率、人均纯收入增加值、植被覆盖度。

8.4.3 技术指标构成分析

紫花苜蓿地下滴灌优化灌溉决策体系中的技术指标是该体系中最关键的指

标，它决定着紫花苜蓿地下滴灌工程的总体效益和水平。技术指标主要包括紫花苜蓿地下滴灌关键参数、紫花苜蓿控水技术、紫花苜蓿控肥技术、紫花苜蓿控药技术。其中紫花苜蓿地下滴灌关键参数指标主要包括滴灌带参数、滴灌带埋深、滴灌带铺设间距和长度、滴灌带工作压力；紫花苜蓿控水技术指标主要包括紫花苜蓿地下滴灌的灌水日期、灌水定额、灌水次数、灌溉定额、灌水周期；紫花苜蓿控肥技术指标主要包括施肥种类、施肥日期、施肥量和施肥频次；紫花苜蓿控药技术指标主要包括施药种类、施药日期、施药量和施药频次。

（1）滴灌带参数。紫花苜蓿地下滴灌系统主要的特征是采用地下滴灌的形式将灌溉水直接通过滴灌毛管的小孔出流均匀地送达作物根区，滴灌带的参数对于地下滴灌系统起着重要的作用。滴灌带参数是衡量滴灌带好坏的参数，主要包括管径、壁厚、滴孔间距、灌水器额定流量和滴灌带工作压力等。

（2）滴灌带埋深。滴灌带埋深是作物种植时将滴灌带埋于土层的深度，即滴灌带到土层表面的距离。根据地下滴灌作物种类的不同，滴灌带的埋深也不同，同时滴灌带埋深还跟土壤性质有一定的关系。

（3）滴灌带铺设间距和长度。滴灌带铺设间距和长度也是衡量一个地下滴灌系统设计好坏的重要标准。滴灌带铺设间距即相邻滴灌带的垂直距离，滴灌带的长度即从滴灌带接入支管处开始计算滴灌带的长度。滴灌带的长度与水流的压力、滴灌带参数等都有一定的关系。

（4）滴灌带工作压力。滴灌带工作压力是滴灌带工作时的压力，即滴灌带灌水时候能承受的最大压力，是衡量滴灌带好坏的一个重要参数。

（5）紫花苜蓿地下滴灌的灌水日期。紫花苜蓿地下滴灌的灌水日期是根据当地多年气候数据、多年紫花苜蓿种植经验和多年紫花苜蓿地下滴灌试验的基础上总结出来的。早于或晚于这个特定的灌水日期对紫花苜蓿的生长发育均有一定的影响，过早可能会造成灌水的浪费，过晚可能会造成紫花苜蓿受干旱的影响，造成紫花苜蓿减产等。

（6）灌水定额。灌水定额即每次紫花苜蓿地下滴灌灌水的定额，是在紫花苜蓿地下滴灌多年试验数据的基础上总结出来的。

（7）灌水次数。紫花苜蓿地下滴灌灌水次数即整个生育期紫花苜蓿滴灌的灌水次数，跟当地多年的气象数据有很大的关系。

（8）灌溉定额。紫花苜蓿地下滴灌灌溉定额即灌水定额与灌水次数的乘积，是反映一个地区紫花苜蓿整个生育期地下滴灌灌水的数量。

（9）灌水周期。灌水周期即相邻两次灌水之间相隔的时间长短，一般用天来衡量。

（10）施肥种类。施肥是指将肥料施于土壤中或喷洒在植物上，提供植物所需养分，并保持和提高土壤肥力的农业技术措施。施肥的主要目的是增加作物产量，改善作物品质，培肥地力以及提高经济效益，因此合理和科学施肥是保障粮食安全和维护农业可持续性发展的主要手段之一。紫花苜蓿地下滴灌施肥是将肥料溶解于滴灌水中，与水分一起直接送达作物根区的一种施肥方式。

（11）施肥日期。紫花苜蓿地下滴灌施肥的日期一般分为基肥日期和追肥日期。

（12）施肥量。施肥量是紫花苜蓿地下滴灌系统施肥的总量，能够反映紫花苜蓿种植土壤的肥力水平等。

（13）施肥频次。施肥频次是整个紫花苜蓿滴灌施肥的频率和次数，也是反映紫花苜蓿种植土壤的肥力水平指标之一。

（14）施药种类。紫花苜蓿地下滴灌施药种类根据施药作用的不同而不同，紫花苜蓿地下滴灌施药的作用主要是锄草并消除一些对紫花苜蓿有害的害虫等。

（15）施药日期。施药日期一般指紫花苜蓿地下滴灌施药的日期，根据施药的作用的不同，施药的日期一般不同。

（16）施药量。施药量指用于紫花苜蓿地下滴灌施药的剂量，和灌溉田块的大小有关。

（17）施药频次。施药频次指整个紫花苜蓿滴灌施药的频率和次数。

（18）地下滴灌水肥药一体化技术的先进性。地下滴灌水肥药一体化技术先进性决定牧区灌溉工程的总体效益和水平，地下滴灌水肥药一体化技术的先进性主要体现在能否真正实现节水、高效、节能和节省劳动力，项目的自动化水平如何，是否符合牧区未来的发展方向。

（19）农牧民对水肥药一体化技术的接受度。受传统固有思想的影响，一些农牧民还是采用传统的紫花苜蓿生产作业，不接受紫花苜蓿地下滴灌水肥药一体化技术，认为紫花苜蓿地下滴灌水肥药一体化技术不但不能增收，还可能在初期增加成本。所以需要加大紫花苜蓿地下滴灌水肥药一体化技术的宣传力度，向农牧民培训紫花苜蓿地下滴灌水肥药一体化技术，改变农牧民的传统固有思想观念，逐渐增强农牧民对水肥药一体化技术的接受度。

综上所述，在进行指标体系应用时，技术指标遵循节水、控肥、减药的目标将其归为三类，分别为有效水利用率、肥料利用率、施药利用率。

8.4.4 灌溉管理评价指标体系

紫花苜蓿地下滴灌优化灌溉决策指标体系的建立既要包括经济指标与技术指标，也应包括当地社会指标与环境指标，一般情况下，指标范围越广，指标数量越多，则方案之间的差异越明显，也就越有利于判断和评价。但同时，确定指标的大类和指标的重要度越困难，偏离方案本质特性的可能也越大。

本书通过借鉴其他工程评价指标的基础上，凭借对紫花苜蓿地下滴灌长期研究的结论和经验，充分考虑当地紫花苜蓿种植经验，最后确定紫花苜蓿地下滴灌优化灌溉决策指标。紫花苜蓿地下滴灌优化灌溉决策指标体系主要包括三类指标，分别是成本指标、效益指标和技术指标。

灌溉管理评价的基础是评价指标体系及评价指标，行业及工程建设性质都是建立评价指标体系及评价指标的决定因素，但目前没有统一的范围和标准。近年来，随着灌溉管理的大力发展，一些学者开始将工程评价理论应用到灌溉管理项目评价中，应用较多的是多目标决策方法、层次分析法和模糊综合评价方法等。

1. 多目标决策方法

通过多种汇总的方法将多目标演化成一个综合目标来评价，最常用的有加权和法、乘除法和目标规划法等，该方法比较严谨，要求把评价对象描述清楚，评价者能明确表达自己的偏好，这对于某些涉及模糊因素、评价者难于确切表达自己的偏好和判断的评价问题的求解带来了一定困难。

2. 层次分析法

层次分析法是根据其有递阶结构的目标、子目标、约束条件及部门等来评价方案，先用两两比较的方法确定判断矩阵，然后把判断矩阵的最大特征值相应的特征向量作为相应的系数，最后综合给出各方案的各自权重。由于该方法让评价者对照相对重要性函数表给出因素集中两两比较的重要性等级，因此可靠性高、误差小。

3. 模糊综合评价方法

模糊综合评价方法是运用模糊数学模糊变换基本原理和累计隶属度原则，考虑与被评价事物相关的各种因素，对方案进行综合评价。该法是参照经济计算的定量指标，结合各种"非经济因素"描述的定性指标，集中专家和评价者的经验及智慧，进行综合分析的评价方法，不足之处是当因素较多时，权重的分配极难确定。

目前多采用各种的方法融合进行评价，取长补短，本书采用的 SADREG 模型是多目标决策方法和层次分析法的综合。

成本指标、效益指标和技术指标作为一级指标，其影响因素较多，根据前述各指标分析，每个一级指标又分为若干二级指标，在实际操作时，可根据评价项目的特点进行删减，完整的评级体系如图 8.13 所示。

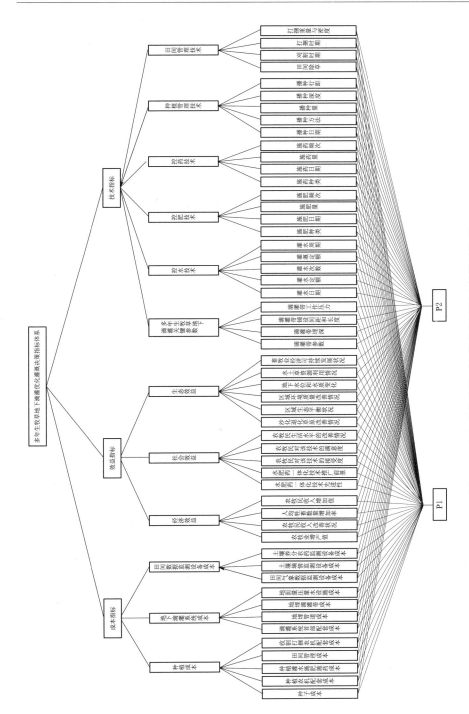

图8.13   多年生牧草地下滴灌优化灌溉决策指标体系

8.5　基于 SADREG 模型的紫花苜蓿地下滴灌综合效应评价

利用具有决策支持系统功能的 SADREG 模型对紫花苜蓿地下滴灌进行效益指标、成本指标和技术指标评价。

8.5.1　SADREG 评价模型

1. 模型原理

SADREG 模型是灌溉管理决策模型，该模型的主要功能是对灌水方式、技术参数、灌溉制度和输水系统的组成做进一步的分析，针对各组成模式进行效益、成本和环境效应的评价和优选。SADREG 模型结构如图 8.14 所示。

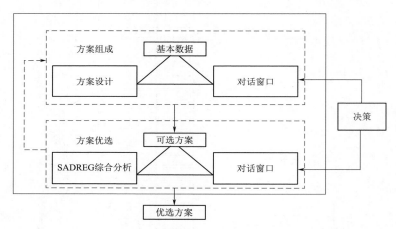

图 8.14　SADREG 模型结构图

2. 模型数据结构

SADREG 模型的数据结构分为 4 层，第 1 层为操作窗口，主要包括评价单元的基本田间数据；第 2 层为方案设计，主要包括土壤、作物、成本和灌溉数据等；第 3 层为方案设计的限制条件，主要包括输水方式、灌水方法、技术参数和指标权重等；第 4 层为方案的综合分析和优选，主要包括性能指标和效应函数值等。

3. 模型数据预处理

对于上述成本、效益和技术多目标分析采用如下综合效用函数评价：

$$U = \sum_{j=1}^{n} \lambda_j U_j \tag{8.7}$$

式中：λ_j 为各目标中包含性能指标所占权重；U_j 为各目标性能指标的效用函

数；n 为各性能指标的总数。

成本指标包括田间数据监测设备成本、地下滴灌系统成本、种植成本。成本的效用函数为

$$U_l = 1 - \alpha_{Ml} X_l \tag{8.8}$$

式中：U_l 为成本各指标的效用函数；α_{Ml} 为第 l 个指标最大属性函数值的斜率，是将成本转换为效用值的系数；X_l 为第 l 个指标的属性值。

效益指标主要包括经济效益、社会效益和生态效益。效益指标的效用函数为

$$U_k = \alpha_{Mk} X_k \tag{8.9}$$

式中：U_k 为效益各指标的效用函数；α_{Mk} 为第 k 个指标最大属性函数值的斜率，是将效益转换为效用值的系数；X_k 为第 k 个指标的属性值。

技术指标包括地下滴灌关键参数、地下滴灌控水技术、地下滴灌控肥技术、田间管理技术、种植管理技术、地下滴灌控药技术；技术指标的效用函数为

$$U_i = 1 - \alpha_{Wi} X_i \tag{8.10}$$

式中：U_i 为技术各指标的效用函数；α_{Wi} 为第 i 个指标最大属性函数的斜率，是将量值转换为效用值的系数；X_i 为第 i 个指标的属性值。

8.5.2 灌溉管理决策模型设计和参数计算

1. 灌溉方案设计

设计灌溉决策方案的目的在于提高水分利用效率和改进作物生长条件，起到节水增产、改善农田生态环境的作用。相应的灌溉决策产生过程较为复杂，涉及各类决策变量及约束条件，为一个多目标决策，其最佳目标为效益最大、成本最低。根据现状对照（CK）、各试验处理数据、优化灌溉制度成果、优化的施肥指标、优化的施药指标、优化的技术参数指标进行了 5 种方案设计，见表 8.8。

表 8.8 决 策 方 案 设 计

项目	灌溉制度	施肥指标	施药指标	灌溉技术参数
方案 1	优化	CK	CK	CK
方案 2	CK	优化	CK	CK
方案 3	CK	CK	优化	CK
方案 4	CK	CK	CK	优化
方案 5	优化	优化	优化	优化

2. 参数选定和计算

根据前述紫花苜蓿地下滴灌灌溉管理评价指标和评价体系的分析，确定开展牧草灌溉决策多目标分析的评判标准与性能指标有 3 类：①效益，X_1 为土地经济生产率（元/hm²）、X_2 为水分经济生产率（元/m³）、X_3 为人均纯收入增加值（元）、X_4 为植被覆盖度（元）；②成本，X_5 为种植成本（元/hm²）、X_6 为灌溉成本（元/hm²）、X_7 为管理成本（元/hm²）；③技术，X_8 为有效水利用率（％）、X_9 为肥料利用率（％）、X_{10} 为施药利用率（％）。根据以上性能指标对表 8.8 给出的 5 种方案进行分析评价，计算这些性能指标所需的数据来自研究区的社会与经济调查结果以及田间试验观测数据。

表 8.9 决策性能指标和权重

目标	性能指标				权重
	名　称	单位	最大值	最小值	
效益	土地经济生产率	元/hm²	12000	0	15
	水分经济生产率	元/m³	2.1	0	15
	人均纯收入增加值	元	20000	0	15
	植被覆盖度	％	60	0	15
成本	种植成本	元/hm²	3000	0	10
	灌溉成本	元/hm²	2250	0	10
	管理成本	元/hm²	3750	0	10
技术	有效水利用率	％	100	0	10
	肥料利用率	％	100	0	10
	施药利用率	％	100	0	10

根据 SADREG 模型的特点，在进行多目标综合分析之前，首先需对各目标的效用函数和权重进行设定，各性能指标的最大值、最小值是根据研究区的社会与经济调查结果，结合紫花苜蓿的最大产量和现状平均价格以及需水情况计算得出的，各性能指标的最大值、最小值和对应的权重见表 8.9。根据 SADREG 模型对牧草的推荐值，当效益、成本和技术的权重比例为 3∶1∶1，并对各目标内部性能指标的权重进行平均分配时，基本能够平衡效益最大、成本最低的目标。

8.5.3　评价结果分析

制定科学合理的灌溉管理决策所追求的目标是在尽量满足田间需水要求和节水灌溉的前提下获得较佳的总体效应。为此，在制定总体目标上，既要追求产量、成本、利润等经济效益，又应同时考虑节水带来的社会效益与环境效应。基于上述的目标要求，以鄂托克前旗昂苏镇哈日根图嘎查示范区为例进行分析，对紫花苜蓿灌溉决策的 5 个方案进行多目标分析，得出不同方案的效益指标、成本指标和技术各性能指标，详见表 8.10。

表 8.10   鄂托克前旗昂苏镇哈日根图嘎查示范区不同方案性能指标

方案	土地经济生产率/(元/hm²)	水分经济生产率/(元/m³)	人均纯收入增加值/元	植被覆盖度/%	种植成本/(元/hm²)	灌溉成本/(元/hm²)	管理成本/(元/hm²)	有效水利用率/%	肥料利用率/%	施药利用率/%
P1	9950	1.69	2250	32	2100	1550	1680	85.2	64.5	69.8
P2	10210	1.23	3260	38	2420	1420	1540	77.3	72.9	64.5
P3	8580	1.28	2950	36	2260	1420	1895	71.9	66.4	75.1
P4	9560	1.65	3190	39	2050	1460	1514	81.5	69.8	67.9
P5	11540	1.93	4260	45	2190	1460	1252	89.3	81.8	89.6

从不同方案的土地经济生产率对比结果可以看出：方案 P5 的土地经济生产率最大，为 11540 元/hm²，其次是方案 P2，其土地经济生产率为 10210 元/hm²，而方案 P3 的土地经济生产率最低，为 8580 元/hm²，由此可以看出，方案 P5 为首选方案，其次是方案 P2，采用推荐的施肥方案也能获得较好的产出，而方案 P3 的土地经济生产率最低，说明优化施药方案与采用优化的灌溉制度、优化的施肥方案、优化的技术参数相比在产出方面效果不显著；水分经济生产率、人均纯收入增加值、植被覆盖度等指标的影响分析类似，不再具体赘述。

通过 SADREG 模型对各方案属性数据的决策评价，在对上述 5 个方案各性能指标分析的基础上，紫花苜蓿优选的灌溉决策应根据各方案的总效用函数值来确定。图 8.15 为 5 个方案总效用函数值结果对比，方案 P5 的总效用函数值最高，为 0.92，其为最优推荐方案，即采用优化的灌溉制度、推荐的施肥指标、推荐的施药指标、推荐的技术参数指标，具体见 8.2 节。从图中 8.15 还可以看出方案 P2 为次优方案，总效用函数值为 0.77，虽然比方案 P1 降低

16.30%，但说明推荐的施肥方案具有显著效果；从单因素影响结果角度分析得出总效用函数值从大到小的排序为 P2、P1、P4、P3，即指标排序为优化的施肥指标、优化的灌溉制度、优化的技术参数指标、优化的施药指标，该排序反映了灌水、施肥、施药、

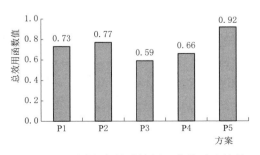

图 8.15   不同方案的总效用函数值对比结果

技术应用对整体效应影响重要性程度。

8.6 小结

（1）利用 DSSAT4.5 模型模拟了不同的灌水方案对紫花苜蓿最终产量的影响，综合考虑各种因素，得出最优的灌溉制度：①以作物高产为目标。每茬紫花苜蓿的返青期、拔节期、分枝期和开花期各灌水 30.0mm，灌水 4 次，每茬灌水 120mm，全生育期灌水 360mm；②以节水为目标。在每茬紫花苜蓿的返青期灌水定额为 15mm，拔节期、分枝期和开花期的灌水定额为 22.5mm，每茬紫花苜蓿灌水 4 次，每茬灌水 82.5mm，全生育期灌水 247.5mm；③以灌水次数最少为目标。在每茬紫花苜蓿的返青期和分枝期各灌水 1 次，灌水定额均为 30mm，每茬紫花苜蓿灌水 60mm，全生育期灌水 180mm。

（2）鄂托克前旗紫花苜蓿每年刈割 3 茬，总需水量约为 500mm，总产量在 600～800kg/亩，水分生产率为 1.5～3.5kg/m³。

（3）鄂托克前旗紫花苜蓿地埋滴灌推荐灌溉制度为：紫花苜蓿返青期灌水定额可取 15m³/亩，其他生育期灌水定额均为 20m³/亩；干旱年推荐灌溉定额 200～220m³/亩，全生育期灌水 10～11 次；一般年推荐灌溉定额 160～180m³/亩，全生育期灌水 8～9 次；丰水年推荐灌溉定额 120～140m³/亩，全生育期灌水 6～7 次。

（4）紫花苜蓿地下滴灌水肥药一体化管理系统由地下滴灌系统、施肥系统、施药系统、过滤系统、控制系统 5 个部分组成。地下滴灌系统包括干管、分干管和支管和地下滴灌带；施肥系统包括施肥器和计量设备；施药系统包括施药器和计量设备；过滤系统包括砂石过滤器和叠片过滤器；控制系统包括压力表、水表、数据库和控制软件。

（5）整个灌水、施肥、施药过程通过控制系统控制，数据库接收来自气象、土壤墒情、土壤肥力、牧草病虫害、牧草生长生育指标等实时数据；该系统实现了同时灌水、施肥和施药功能，将水肥药合施模式融为一体，实现水肥药一体化管理，减少了管理环节，节省了成本，提高了工作效率。

（6）确定开展牧草灌溉决策多目标分析的评判标准与性能指标包括效益、成本和技术 3 类。

（7）效益指标根据可量化、可操作原则归为 4 类，分别为土地经济生产率、水分经济生产率、人均纯收入增加值、植被覆盖度。

（8）成本指标遵循化繁为简的宗旨归为 3 类，分别为种植成本、灌溉成本和管理成本。

（9）技术指标遵循节水、控肥、减药的目标将其归为 3 类，分别为有效水利用率、肥料利用率、施药利用率。

（10）采用 SADREG 模型分析评价得出了紫花苜蓿不同灌溉决策方案效益、成本和技术的各性能指标；以总效用函数值为标准，评价得出了采用优化的灌溉制度、推荐的施肥指标、推荐的施药指标、推荐的技术参数指标方案为最佳灌溉决策模式。

（11）从单因素影响结果角度分析，采用推荐的施肥方案也能获得较好的产出，而优化施药方案的土地经济生产率最低，说明优化施药方案与采用优化的灌溉制度、优化的施肥方案、优化的技术参数方案相比在产出方面效果不显著。

（12）从单因素影响结果角度分析，得出了总效用函数值从大到小的排序为 P2、P1、P4、P3，即指标排序为优化的施肥指标、优化的灌溉制度、优化的技术参数指标、优化的施药指标，该排序反映了灌水、施肥、施药、技术应用对整体效应影响重要性程度。

第9章 结论与展望

9.1 结论

本书针对多年生牧草地下滴灌受时间（多年）和空间（地上、地下）的双重制约，以及多年生牧草根系发育的阶段性、动态性与地下滴灌带性能参数的多样性、复杂性等我国干旱、半干旱牧区节水领域的难题，主要开展了多年生牧草地下滴灌水分入渗规律、冬灌水分摄取策略、水肥药一体化技术集成模式、微纳米气泡水地下滴灌关键技术参数以及多年生牧草地下滴灌优化灌溉决策等研究，取得了以下主要结论：

（1）在砂土中采用流量为 2.0L/h 的滴头，当滴灌带埋深为 20cm 时，垂直向上的含水率变化与其他方向的含水率变化相差较大，5cm 处土层土壤含水率达到田间持水量时，其他各点含水率已经超过饱和含水率；当滴灌带埋深为 15cm 时，5cm 处土层土壤含水率达到作物需水量要求时，其他各点基本刚达到饱和含水率，有利于节水。因此在田间试验作物苗期根系较小时可以将滴灌带埋深设为 10～15cm，但是由于第二年后紫花苜蓿的根系主要集中在 10～30cm，根据土壤入渗规律可知，滴灌带埋深为 15～20cm 时更有利于根系充分利用水分。为了保证紫花苜蓿出苗率和成活率，可以在其苗期采用地面滴灌和地下滴灌相结合的措施。

（2）滴灌带埋深 20cm 对紫花苜蓿株高和干草产量的影响与埋深 30cm 对其的影响差异不显著（$p < 0.01$），滴灌带埋深 20cm 对紫花苜蓿株高和干草产量的影响与埋深 10cm 对其的影响差异显著（$p < 0.05$）。滴灌带埋深为 20cm 时紫花苜蓿的株高和产量最大，埋深为 10cm 时株高和产量最小。株高最大为 65.84cm，产量最大为 11349.0kg/hm^2。研究区地下滴灌紫花苜蓿滴灌带埋设深度推荐采用 20cm。

（3）地下滴灌后根系层不同水分的 δD 分布发生了明显变化，并反映出封冻、融冻两个时期的冬灌对促进苜蓿越冬有其各自不同的影响过程和机理。其中封冻灌溉仅在高水量灌溉条件下有少量水分为苜蓿所吸收，低、中水量灌溉条件下，紫花苜蓿均未吸收灌溉水。融冻灌溉水被紫花苜蓿吸收，缓解了紫花苜蓿返青前期的环境胁迫，促进了紫花苜蓿返青，并且返青时间受灌溉影响有所提前。

（4）地下滴灌条件下，拔节期和分枝期是紫花苜蓿需水的关键阶段。灌水定额越大，紫花苜蓿各生育期的耗水量越大，每茬紫花苜蓿各生育期的耗水量总体变化呈现先升高后降低的变化趋势，各生育期的耗水量关系是分枝期＞拔节期＞返青期＞开花期，每茬紫花苜蓿生育期耗水量在 130～180mm 之间变化，变幅较大，整个生育期的耗水量为 450～550mm。相同水分处理时，施肥量对各生育期的耗水量影响比较大，中施肥处理的耗水量＞高施肥处理的耗水量＞低施肥处理的耗水量，高施肥处理会抑制作物的生长，作物耗水量减少。

（5）紫花苜蓿的耗水强度随着灌水定额的增大呈现先增大后减小的趋势，三茬紫花苜蓿的平均耗水强度为第二茬＞第一茬＞第三茬，最大为 3.64mm/d，三茬紫花苜蓿各生育期的耗水强度均为分枝期＞拔节期＞开花期＞返青期，在相同水分处理下，随着施肥量的增大，紫花苜蓿的耗水强度也呈现先增大后减小的趋势，耗水强度为中肥＞高肥＞低肥。

（6）产量对水量变化的敏感程度远高于对施肥量变化的敏感程度，不同水肥配施条件下，紫花苜蓿的水分生产率为 1.68～3.76kg/m³，增产率为 4.85%～51.77%，水分生产率、增产率均为第二茬＞第三茬＞第一茬。紫花苜蓿全生育期总耗水量与产量之间呈现良好的抛物线关系，当耗水量为 500～600mm 时，对应的产草量最高，最高达 18398kg/hm²。种植苜蓿推荐施氮（N）、磷（P_2O_5）和钾（K_2O）量分别为 60kg/hm²、90kg/hm² 和 120kg/hm²。

（7）控水技术指标：一般年份灌水 9～11 次，灌溉定额为 160m³/亩；干旱年份灌水 12～14 次，灌溉定额为 220m³/亩。

（8）控肥技术指标：5 月上旬苜蓿第一茬拔节期结合滴灌追施尿素 5～8kg/亩；6 月下旬苜蓿第二茬拔节期结合滴灌追施尿素 5～8kg/亩、硝酸钾 3～5kg/亩；8 月下旬苜蓿第三茬拔节期结合滴灌追施尿素 5～8kg/亩、硝酸钾 3～5kg/亩。全年合计：尿素 15～24kg/亩、施硝酸钾 6～10kg/亩。

（9）控药技术指标：苜蓿的主要病害有苜蓿锈病，可用代森锰锌 0.20kg/hm² 喷雾防治。苜蓿的主要虫害有苜蓿叶象虫、苜蓿蚜虫等；苜蓿叶象虫可用 50%二嗪农每亩 150～200g、80%西维因可湿性粉剂每亩 100g 进行药物防治；苜蓿蚜虫可用 40%乐果乳油 1000～1500 倍液进行化学防治。苜蓿除草可用苜草净每亩 100～133g，每季作物使用一次。

（10）微纳米气泡水地下滴灌可以增强土壤酶活性、增加土壤中微生物数量，促进土壤中有机物的分解与营养元素及其化合物的转化，增加土壤养分，提高土壤肥力质量；微纳米气泡水地下滴灌可以增强苜蓿根系酶活力与根系活力、增加根系游离脯氨酸含量，促进根系对营养物质的吸收，增强苜蓿对干旱、盐碱、低氧等胁迫的抗性，增加苜蓿产量，提高苜蓿品质；微纳米气泡水地下滴灌紫花苜蓿推荐的适宜的溶解氧为 5.0mg/L 左右，灌水定额为 25～30mm。

（11）利用 DSSAT4.5 模型模拟了不同的灌水方案对紫花苜蓿最终产量的影响，综合考虑各种因素，得出最优的灌溉制度：①以作物高产为目标：每茬紫花苜蓿的返青期、拔节期、分枝期和开花期各灌水 30.0mm，灌水 4 次，每茬灌水 120mm，全生育期灌水 360mm；②以节水为目标：在每茬紫花苜蓿的返青期灌水定额为 15mm，拔节期、分枝期和开花期的灌水定额为 22.5mm，每茬紫花苜蓿灌水 4 次，每茬灌水 82.5mm，全生育期灌水 247.5mm；③以灌水次数最少为目标：在每茬紫花苜蓿的返青期和分枝期各灌水 1 次，灌水定额均为 30mm，每茬紫花苜蓿灌水 60mm，全生育期灌水 180mm。

（12）鄂托克前旗紫花苜蓿地埋滴灌推荐灌溉制度为：紫花苜蓿返青期灌水定额可取 15m³/亩，其他生育期灌水定额均为 20m³/亩；干旱年推荐灌溉定额 200～220m³/亩，全生育期灌水 10～11 次；一般年推荐灌溉定额 160～180m³/亩，全生育期灌水 8～9 次；丰水年推荐灌溉定额 120～140m³/亩，全生育期灌水 6～7 次。

（13）采用 SADREG 模型分析评价得出了紫花苜蓿不同灌溉决策方案效益、成本和技术的各性能指标；以总效用函数值为标准，评价得出了采用优化的灌溉制度、推荐的施肥指标、推荐的施药指标、推荐的技术参数指标方案为最佳灌溉决策模式。

（14）从单因素影响结果角度分析采用推荐的施肥方案也能获得较好的产出，而优化施药方案的土地经济生产率最低，说明优化施药方案相比采用优化的灌溉制度、优化的施肥方案、优化的技术参数方案在产出方面效果不显著。

（15）从单因素影响结果角度分析得出了总效用函数值从大到小的排序为 P2、P1、P4、P3，即指标排序为：优化的施肥指标、优化的灌溉制度、优化的技术参数指标、优化的施药指标，该排序反映了灌水、施肥、施药、技术应用对整体效应影响重要性程度。

9.2 展望

（1）由于多年生牧草随着生长年份的增加，主要根系层也在发生变化，不同生长年际间紫花苜蓿地下滴灌各环节水分损失、紫花苜蓿地下滴灌灌水均匀性和水分利用效率仍需深入研究，该技术是紫花苜蓿地下滴灌控水技术的关键。

（2）控药技术应用涉及除草和防病虫害两方面，地下滴灌灌水和施药一体化很好地解决了除草（菟丝子等）和根系病（丝囊霉根腐病等）的问题，但由于地下滴灌灌水技术本身的制约，对于防治苜蓿锈病的效果不佳，建议结合叶面喷施技术综合防治，该方面还需进一步研究；同时市场尚无专门适用于多年生牧草病虫害的专用农药。

（3）多年生牧草地下滴灌水肥药一体化是将灌溉与施肥、施药融为一体的农业新技术，其与农机配套与田间管理等集成的技术模式具有明显的技术优势和显著的效益，但其应用仍是薄弱点，应加强其成果的推广应用。

（4）紫花苜蓿属多年生牧草，特别是在紫花苜蓿进入生长年限的第六、第七年，紫花苜蓿的产量和品质明显有所下降。国内外很多学者对加气灌溉提高作物产量等进行了研究，但是针对加气灌溉改善作物产量和品质的作用机理，国内外学者研究的较少，也没有统一的结论，何况现阶段国内针对微纳米气泡水地下滴灌的研究更少。因此开展紫花苜蓿微纳米气泡水地下滴灌增产增效的作用机理研究很有必要，该研究也是未来进行微纳米气泡水地下滴灌技术实现示范推广应用的关键。

参 考 文 献

［1］ Atkin O K，Edwards E J，Loveys B R. Response of root respiration to changes in temperature and its relevance to global warming ［J］. The New Phytologist，2000，147 (1)：141 - 154.

［2］ 汪天，王素平，郭世荣，等. 植物低氧胁迫伤害与适应机理的研究进展 ［J］. 西北植物学报，2006，26 (4)：847 - 853.

［3］ 曹雪松，李和平，郑和祥，等. 加气灌溉对根区土壤肥力质量与作物生长的影响 ［J］. 干旱地区农业研究，2020，38 (1)：183 - 189.

［4］ 曹雪松，郑和祥，佟长福，等. 微纳米气泡水地下滴灌对紫花苜蓿土壤酶活性与根系脯氨酸的影响 ［J］. 干旱地区农业研究，2020，38 (4)：67 - 73.

［5］ 曹雪松，郑和祥，王军，等. 微纳米气泡水地下滴灌对紫花苜蓿根际土壤养分和产量的影响 ［J］. 灌溉排水学报，2020，39 (7)：24 - 30.

［6］ Friedman S P，Naftaliev B. A survey of the aeration status of drip - irrigated orchards ［J］. Agricultural Water Management，2012，115：132 - 147.

［7］ Briggs L J，Shantz H. The wilting coefficient and its indirect determination ［J］. Botanical Gazette，1912，53 (1)：20 - 37.

［8］ 刘国利，何树斌，杨惠敏. 紫花苜蓿水分利用效率对水分胁迫的响应及其机理 ［J］. 草业学报，2009，18 (3)：207 - 213.

［9］ 佟长福，郭克贞，佘国英，等. 饲草料地土壤水分动态变化规律及其预测的人工神经网络模型的研究 ［J］. 土壤通报，2007 (5)：844 - 847.

［10］ 郭克贞，史海滨，苏佩凤，等. 锡林郭勒草原生态需水初步研究 ［J］. 中国农村水利水电，2004，(8)：82 - 85.

［11］ 李文娆，李小利，张岁岐，等. 水分亏缺下紫花苜蓿和高粱根系水力学导度与水分利用效率的关系 ［J］. 生态学报，2011，31 (5)：1323 - 1333.

［12］ 郑和祥，史海滨，柴建华，等. 基于 RAGA - DP 的饲草料作物非充分灌溉制度优化模型 ［J］. 农业工程学报，2007，23 (11)：65 - 70.

［13］ 魏荔，张怀文，孙义祥，等. 不同施肥处理对青贮玉米产量和品质的影响 ［J］. 中国农学通报，2008 (3)：235 - 238.

［14］ Cao X，Feng Y，Li H，et al. Effects of subsurface drip irrigation on water consumption and yields of alfalfa under different water and fertilizer conditions ［J］. Journal of Sensors，2021.

［15］ 邱振存，门旗，孙仕军. 滴灌集成技术进展与应用 ［J］. 2012 全国高效节水灌溉先进技术与设备应用专刊，2012.

[16] Godoy‐Avila C，Perez‐Gutierrez A，Torres C A，et al. Water use，forage production and water relations in alfalfa with subsurface drip irrigation [J]. Agrociencia，2003，37 (2)：107‐115.

[17] Payero J O，Tarkalson D D，Irmak S，et al. Effect of irrigation amounts applied with subsurface drip irrigation on corn evapotranspiration，yield，water use efficiency，and dry matter production in a semiarid climate [J]. Agricultural Water Management，2008，95 (8)：895‐908.

[18] Kandelous M M，Kamai T，Vrugt J A，et al. Evaluation of subsurface drip irrigation design and management parameters for alfalfa [J]. Agricultural Water Management，2012，109：81‐93.

[19] 黄兴法，李光永. 地下滴灌技术的研究现状与发展 [J]. 农业工程学报，2002，18 (2)：176‐181.

[20] 许迪，程先军. 地下滴灌土壤水运动和溶质运移数学模型的应用 [J]. 农业工程学报，2002，18 (1)：27‐30.

[21] 仵峰，范永申，李辉，等. 地下滴灌灌水器堵塞研究 [J]. 农业工程学报，2004，20 (1)：80‐83.

[22] 仵峰，李王成，李金山，等. 地下滴灌灌水器水力性能试验研究 [J]. 农业工程学报，2003，19 (2)：85‐88.

[23] 李久生，杜珍华，栗岩峰. 地下滴灌系统施肥灌溉均匀性的田间试验评估 [J]. 农业工程学报，2008，24 (4)：83‐87.

[24] 李久生，陈磊，栗岩峰. 地下滴灌灌水器堵塞特性田间评估 [J]. 水利学报，2008，39 (10)：1272‐1278.

[25] 宰松梅，仵峰，温季，等. 大田地下滴灌土壤水分分布均匀度评价方法 [J]. 农业工程学报，2009，25 (12)：51‐57.

[26] 曹雪松，李和平，郑和祥，等. 不同滴灌处理下紫花苜蓿的耗水特征及作物需水量的估算 [J]. 节水灌溉，2016 (12)：15‐19.

[27] 莫彦，李光永，蔡明坤，等. 基于 HYDRUS‐2D 模型的玉米高出苗率地下滴灌开沟播种参数优选 [J]. 农业工程学报，2017，33 (17)：105‐112.

[28] 郑文生，孟岩，李芳花，等. 地下滴灌条件下氮肥调控对氮运移规律的影响 [J]. 灌溉排水学报，2018，37 (8)：15‐21.

[29] 王荣莲，莫彦，任志宏，等. 玉米地下滴灌适宜的毛管铺设参数及灌水定额研究 [J]. 中国农村水利水电，2019，444 (10)：109‐114.

[30] 孙章浩，黄令森，杨培岭，等. 地下滴灌灌水下限与灌水器流量对冬小麦生长发育的影响 [J]. 中国农业大学学报，2019，24 (11)：41‐50.

[31] 杜建民，王占军，俞鸿千，等. 苜蓿草田地下滴灌适宜冬灌量 [J]. 干旱地区农业研究，2020，38 (1)：166‐172.

[32] 雷宏军，肖哲元，张振华，等. 水肥气耦合滴灌提高温室番茄土壤通气性和水氮利用 [J]. 灌溉排水学报，2020，39 (3)：8‐16.

[33] 胡笑涛，康绍忠，马孝义，等. 地下滴灌条件下沙质土壤入渗特性试验研究 [J]. 灌溉排水学报，2004，23 (5)：75‐77.

[34] 范永申，仵峰，张银炎，等. 地下滴灌条件下棉花土壤水分运移田间试验研究 [J].

灌溉排水学报，2007，26（4）：1-3.

[35] 李红，罗金耀. 地下滴灌条件下土壤水分研究概况 [J]. 节水灌溉，2005（3）：26-28.

[36] 任杰，王振华，温新明，等. 毛管埋深对地下滴灌线源入渗土壤水分运移影响研究 [J]. 灌溉排水学报，2008，27（5）：80-82.

[37] 仵峰. 地下滴灌土壤水分运动特性与系统设计参数研究 [D]. 杨凌：西北农林科技大学，2010.

[38] 李蓓，李久生. 滴灌带埋深对田间土壤水氮分布及春玉米产量的影响 [J]. 中国水利水电科学研究院学报，2009，7（3）：222-226.

[39] 庄千燕. 地下滴灌不同埋深对土壤水分运移及高羊茅生长的影响 [D]. 北京：北京林业大学，2010.

[40] 刘晓菲，万书勤，冯棣，等. 地下滴灌带不同埋深对马铃薯产量和灌溉水利用效率的影响 [J]. 灌溉排水学报，2015，34（5）：63-66.

[41] 夏玉慧，汪有科，汪治同. 地下滴灌埋设深度对紫花苜蓿生长的影响 [J]. 草地学报，2008，16（3）：298-302.

[42] 刘燕芳，吴普特，朱德兰，等. 滴灌条件下水的硬度对滴头堵塞的影响 [J]. 农业工程学报，2015，31（20）：95-100.

[43] 于颖多. 地下滴灌施药调控根系分布防止灌水器堵塞研究 [R]. 北京：中国水利水电科学研究院，2007.

[44] 王荣莲，龚时宏，王建东，等. 地下滴灌抗负压堵塞的试验研究 [J]. 灌溉排水学报，2005（5）：18-21.

[45] Su N. Generalisation of various hydrological and environmental transport models using the Fokker-Planck equation [J]. Environmental Modelling & Software，2004，19（4）：345-356.

[46] Abuarab M，Mostafa E，Ibrahim M. Effect of air injection under subsurface drip irrigation on yield and water use efficiency of corn in a sandy clay loam soil [J]. Journal of Advanced Research，2013，4（6）：493-499.

[47] Bhattarai S P，Huber S，Midmore D J. Aerated subsurface irrigation water gives growth and yield benefits to zucchini，vegetable soybean and cotton in heavy clay soils [J]. Annals of Applied Biology，2004，144（3）：285-298.

[48] Goorahoo D，Carstensen G，Zoldoske D F，et al. Using air in sub-surface drip irrigation（SDI）to increase yields in bell peppers [J]. Int Water Irrig，2002，22（2）：39-42.

[49] Huber S. New uses for drip irrigation—partial root zone drying and forced aeration [D]//Technische Universitat Munchen，MSc 90p. Munich：Technische Universitat Munchen，MSc 90p，2000.

[50] Niu W Q，Zang X，Jia Z X，et al. Effects of rhizosphere ventilation on soil enzyme activities of potted tomato under different soil water stress [J]. Clean-Soil，Air，Water，2012，40（3）：225-232.

[51] Su N，Midmore D J. Two-phase flow of water and air during aerated subsurface drip irrigation [J]. Journal of Hydrology，2005，313（3）：158-165.

［52］ Takahashi M. Base and technological application of micro‐bubble and nanobubble ［J］. Materials Integration，2009，22（5）：2‐19.

［53］ Jenkins K B，Michelsen D L，Novak J T. Application of oxygen microbubbles for in situ biodegradation of p‐xylene‐contaminated groundwater in a soil column ［J］. Biotechnology Progress，1993，9（4）：394‐400.

［54］ Greenway H，Armstrong W，Colmer T D. Conditions leading to high CO_2（＞5kPa） in waterlogged‐flooded soils and possible effects on root growth and metabolism ［J］. Annals of Botany，2006，98（1）：9‐32.

［55］ 邱莉萍，刘军，王益权，等. 土壤酶活性与土壤肥力的关系研究 ［J］. 植物营养与肥料学报，2004，10（3）：277‐280.

［56］ 李云开，宋鹏，周博. 再生水滴灌系统灌水器堵塞的微生物学机理及控制方法研究 ［J］. 农业工程学报，2013，29（15）：98‐107.

［57］ 朱练峰. 根际氧供应对水稻根系生长的影响及其与产量形成的关系 ［D］. 北京：中国农业科学院，2013.

［58］ 温改娟，蔡焕杰，陈新明，等. 加气灌溉对温室番茄生长，产量及品质的影响 ［J］. 干旱地区农业研究，2014，32（3）：83‐87.

［59］ 胡德勇. 增氧灌溉改善秋黄瓜生长及土壤环境的机理研究 ［D］. 长沙：湖南农业大学，2014.

［60］ 李元，牛文全，张明智，等. 加气灌溉对大棚甜瓜土壤酶活性与微生物数量的影响 ［J］. 农业机械学报，2015，46（8）：121‐129.

［61］ 周云鹏，徐飞鹏，刘秀娟，等. 微纳米气泡加氧灌溉对水培蔬菜生长与品质的影响 ［J］. 灌溉排水学报，2016，35（8）：98‐100.

［62］ 才硕，时红，潘晓华，等. 微纳米气泡增氧灌溉对双季稻需水特性及产量的影响 ［J］. 节水灌溉，2017（2）：12‐15.

［63］ 朱艳，蔡焕杰，宋利兵，等. 加气灌溉对番茄植株生长，产量和果实品质的影响 ［J］. 农业机械学报，2017，48（8）：199‐211.

［64］ 胡文同，杨志超，郑心洁，等. 加气条件下土壤 CO_2 排放对土壤过氧化氢酶活性及番茄生长的响应 ［J］. 节水灌溉，2018，280（12）：12‐16.

［65］ Du Y D，Gu X B，Wang J W，et al. Yield and gas exchange of greenhouse tomato at different nitrogen levels under aerated irrigation ［J］. Science of the Total Environment，2019，668：1156‐1164.

［66］ 王振华，陈潇洁，吕德生，等. 水肥耦合对加气滴灌加工番茄产量及品质的影响. ［J］. 农业工程学报，2020，36（19）：66‐75.

［67］ Dhungel J，Bhattarai S P，Midmore D J. Aerated water irrigation（oxygation）benefits to pineapple yield，water use efficiency and crop health ［J］. Advances in Horticultural Science，2012，26（1）：3‐16.

［68］ Meek B D，Ehlig C F，Stolzy L H，et al. Furrow and trickle Irrigation：effects on soil oxygen and ethylene and tomato yield ［J］. Soil Science Society of America Journal，1983，47（4）：631‐635.

［69］ 陈新明，Dhungel J，Bhattarai S，等. 加氧灌溉对菠萝根区土壤呼吸和生理特性的影响 ［J］. 排灌机械工程学报，2010，28（6）：543‐547.

[70] McKee K L. Growth and physiological responses of neotropical mangrove seedlings to root zone hypoxia [J]. Tree Physiology, 1996, 16 (11 - 12): 883 - 889.

[71] Drew M C. Oxygen deficiency and root metabolism: injury and acclimation under hypoxia and anoxia [J]. Annual Review of Plant Biology, 1997, 48 (1): 223 - 250.

[72] Geigenberger P. Response of plant metabolism to too little oxygen [J]. Current Opinion in Plant Biology, 2003, 6 (3): 247 - 256.

[73] Heuberger H, Livet J, Schnitzler W. Effect of soil aeration on nitrogen availability and growth of selected vegetables - Preliminary results [J]. Acta Horticulturae, 2001, 56 (3): 147 - 154.

[74] 陈红波, 李天来, 孙周平, 等. 根际通气对日光温室黄瓜栽培基质酶活性和养分含量的影响 [J]. 植物营养与肥料学报, 2009, 15 (6): 1470 - 1474.

[75] 李磊, 蒯婕, 刘昭伟, 等. 花铃期短期土壤渍水对土壤肥力和棉花生长的影响 [J]. 水土保持学报, 2013, 27 (6): 162 - 166.

[76] 肖卫华, 姚帮松, 张文萍. 作物加氧灌溉的研究 [J]. 现代节水高效农业与生态灌区建设, 2010 (10): 751 - 756.

[77] 陶淑芸, 王震, 王桂林. 溶解氧测定方法分析与研究 [J]. 治淮, 2010 (12): 46 - 47.

[78] Yoshida S, Eguchi H. Environmental analysis of aerial O_2 transport through leaves for root respiration in relation to water uptake in cucumber plants (Cucumis sativus L.) in O_2 - deficient nutrient solution [J]. Journal of Experimental Botany, 1994, 45 (2): 187 - 192.

[79] Rong G S, Tachibana S. Effect of dissolved O_2 levels in a nutrient solution on the growth and mineral nutrition of tomato and cucumber seedlings [J]. Journal of the Japanese Society for Horticultural Science, 1997, 66 (2): 331 - 337.

[80] 郭世荣, 橘昌司, 李谦盛. 营养液温度和溶解氧浓度对黄瓜植株氮化合物含量的影响 [J]. 植物生理与分子生物学学报, 2003, 29 (6): 593 - 596.

[81] 陈永祥, 刘孝义. 地膜覆盖栽培的土壤结构与空气状况研究 [J]. 沈阳农业大学学报, 1995, 26 (2): 146 - 151.

[82] 张朝勇, 蔡焕杰. 膜下滴灌棉花土壤温度的动态变化规律 [J]. 干旱地区农业研究, 2005, 23 (2): 11 - 15.

[83] 王淼, 姬兰柱, 李秋荣, 等. 土壤温度和水分对长白山不同森林类型土壤呼吸的影响 [J]. 应用生态学报, 2003, 14 (8): 1234 - 1238.

[84] Pregitzer K, Loya W, Kubiske M, et al. Soil respiration in northern forests exposed to elevated atmospheric carbon dioxide and ozone [J]. Oecologia, 2006, 148 (3): 503 - 516.

[85] Bathke G, Cassel D, Hargrove W, et al. Modification of soil physical properties and root growth response [J]. Soil Science, 1992, 154 (4): 316 - 329.

[86] 李天来, 陈红波, 孙周平, 等. 根际通气对基质气体, 肥力及黄瓜伤流液的影响 [J]. 农业工程学报, 2009, 25 (11): 301 - 305.

[87] Brzezinska M, Stepniewski W, Stepniewska Z, et al. Effect of oxygen deficiency on soil dehydrogenase activity in a pot experiment with triticale cv. Jago vegetation [J]. International Agrophysics, 2001, 15 (3): 145 - 149.

［88］ Kalfountzos D，Alexiou I，Kotsopoulos S，et al. Effect of subsurface drip irrigation on cotton plantations ［J］. Water Resources Management，2007，21（8）：1341 - 1351.

［89］ Zhang X，Chen S，Sun H，et al. Dry matter，harvest index，grain yield and water use efficiency as affected by water supply in winter wheat ［J］. Irrigation Science，2008，27（1）：1 - 10.

［90］ Mustroph A，Albrecht G. Tolerance of crop plants to oxygen deficiency stress：fermentative activity and photosynthetic capacity of entire seedlings under hypoxia and anoxia ［J］. Physiologia Plantarum，2003，117（4）：508 - 520.

［91］ Guo S，Nada K，Katoh H，et al. Differences between tomato and cucumber in ethanol，lactate and malate metabolisms and cell sap pH of roots under hypoxia ［J］. Journal of the Japanese Society for Horticultural Science，1999，68（1）：152 - 159.

［92］ 康云艳，郭世荣，段九菊. 根际低氧胁迫对黄瓜幼苗根系呼吸代谢的影响 ［J］. 应用生态学报，2008，19（3）：583 - 587.

［93］ 史济林，罗中元. 水逆境下水稻生育反应及抗逆措施的研究 ［J］. 浙江农业学报，1995，7（2）：65 - 71.

［94］ Jackson M，Ricard B. Physiology，biochemistry and molecular biology of plant root systems subjected to flooding of the soil ［J］. Root Ecology，2003，168：193 - 213.

［95］ Sey B K，Manceur A M，Whalen J K，et al. Root - derived respiration and nitrous oxide production as affected by crop phenology and nitrogen fertilization ［J］. Plant and Soil，2010，326（1）：369 - 379.

［96］ 贺明荣，王振林. 土壤紧实度变化对小麦籽粒产量和品质的影响 ［J］. 西北植物学报，2004，24（4）：649 - 654.

［97］ 甲宗霞，牛文全，张璇，等. 根际通气对盆栽番茄生长及水分利用率的影响 ［J］. 干旱地区农业研究，2011，29（6）：18 - 24.

［98］ 张庆龙，徐飞鹏，贾瑞卿，等. 滨海盐碱区日光温室番茄施肥与加氧灌溉模式 ［J］. 灌溉排水学报，2013，32（1）：51 - 55.

［99］ 牛文全，郭超. 根际土壤通透性对玉米水分和养分吸收的影响 ［J］. 应用生态学报，2010，21（11）：2785 - 2791.

［100］ Bhattarai S P，Pendergast L，Midmore D J. Root aeration improves yield and water use efficiency of tomato in heavy clay and saline soils ［J］. Irrigation Science，2006，108（3）：278 - 288.

［101］ Bhattarai S P，Midmore D J，Pendergast L. Yield，water - use efficiencies and root distribution of soybean，chickpea and pumpkin under different subsurface drip irrigation depths and oxygation treatments in vertisols ［J］. Irrigation Science，2008，26（5）：439 - 450.

［102］ 程峰，姚帮松，肖卫华，等. 不同增氧滴灌方式对香芹生长特性的影响 ［J］. 灌溉排水学报，2016，35（3）：91 - 94.

［103］ 张雁南，孙志龙，刘毓璟，等. 增氧滴灌对"灵武长枣"枣吊生长与果实品质的影响 ［J］. 北方园艺，2016（18）：14 - 18.

［104］ 孙洪仁，刘国荣，张英俊，等. 紫花苜蓿的需水量，耗水量，需水强度，耗水强度和

水分利用效率研究 [J]. 草业科学, 2005, 22 (12): 24-30.

[105] 韩瑞宏, 卢欣石, 高桂娟, 等. 紫花苜蓿 (Medicago sativa) 对干旱胁迫的光合生理响应 [J]. 生态学报, 2007, 27 (12): 5229-5237.

[106] 夏玉慧, 汪有科, 王江, 等. 陕北风沙滩地区紫花苜蓿地下滴灌带埋设深度初步研究 [J]. 水土保持通报, 2008, 28 (4): 100-104.

[107] 于颖多, 龚时宏, 王建东, 等. 冬小麦地下滴灌氟乐灵注入制度对根系生长及作物产量影响的试验研究 [J]. 水利学报, 2008, 39 (4): 454-459.

[108] Jiabin W U, Miao S, Bing X U, et al. Distribution of stable hydrogen and oxygen isotopes in the root zone of alfalfa under drip irrigation [J]. Journal of Irrigation and Drainage, 2017, 36 (7): 14-17.

[109] Naydenova G, Hristova T, Aleksiev Y. Objectives and approaches in the breeding of perennial legumes for use in temporary pasturelands [J]. Biotechnology in Animal Husbandry, 2013, 29 (2): 233-250.

[110] Qizhong S, Yuqing W, Xiangyang H. Alfalfa winter survival research summary [J]. Cao ye ke xue= Pratacultural Science= Caoye Kexue, 2004, 21 (3): 21-25.

[111] Yu H, Liu H, Wang J. Effects of cover and irrigation on winter surviving rate, soil temperature and soil moisture of algonquin alfalfa [J]. Chinese Journal of Grassland, 2015, 37 (6): 107-111.

[112] FU B, MI F, LIU R, et al. Effect of covering soil and irrigation on overwintering rate and yield of silphium perfoliatum L. [J]. Chinese Journal of Grassland, 2010, 32 (5): 106-109.

[113] Mikić A, Ćupina B, Rubiales D, et al. Models, developments, and perspectives of mutual legume intercropping [J]. Advances in Agronomy, 2015, 130: 337-419.

[114] Phillips D L, Gregg J W. Source partitioning using stable isotopes: coping with too many sources [J]. Oecologia, 2003, 136 (2): 261-269.

[115] Phillips D L, Newsome S D, Gregg J W. Combining sources in stable isotope mixing models: alternative methods [J]. Oecologia, 2005, 144 (4): 520-527.

[116] 谢恒星, 蔡焕杰, 张振华. 温室甜瓜加氧灌溉综合效益评价 [J]. 农业机械学报, 2010, 41 (11): 79-83.

[117] 葛灿, 石竹南, 颜志民, 等. 土壤中放线菌参与反硝化可能性研究 [J]. 土壤学报, 2004, 41 (1): 108-112.

[118] Bhattarai S P, Su N, Midmore D J. Oxygation unlocks yield potentials of crops in oxygen-limited soil environments [J]. Advances in Agronomy, 2005, 88: 313-377.

[119] Pendergast L, Bhattarai S P, Midmore D J. Benefits of oxygation of subsurface drip-irrigation water for cotton in a Vertosol [J]. Crop and Pasture Science, 2014, 64 (12): 1171-1181.

[120] 张文萍, 姚帮松, 肖卫华, 等. 增氧滴灌对烟草根系发育状况的影响研究 [J]. 现代农业科技, 2012 (23): 9-11.

[121] Silberbush M, Ben-Asher J. Simulation study of nutrient uptake by plants from soilless cultures as affected by salinity buildup and transpiration [J]. Plant and Soil, 2001, 233 (1): 59-69.

［122］ 肖元松，彭福田，张亚飞，等．增氧栽培对桃幼树根系构型及氮素代谢的影响［J］．中国农业科学，2014，47（10）：1995－2002．

［123］ 李胜利，齐子杰，王建辉，等．根际通气环境对盆栽黄瓜生长的影响［J］．河南农业大学学报，2008，42（3）：280－282．